U0340895

凡妮莎 VanessaB
人气妆发全图解

凡妮莎 著

青岛出版社
QINGDAO
PUBLISHING HOUSE
国家一级出版社
全国百佳图书出版单位

推荐序1

化妆需要学习，发型可以练习，跟着凡妮莎走对方向才是正道！

对凡妮莎的第一印象除了好有气质外，就是“这化妆师长这么美是想要逼死新娘吗？”因为她人长得太漂亮，就先入为主地觉得她的技术一定也很好，（抱歉，我就是这么酸葡萄的人……）但是只要你看过凡妮莎的作品，就会发现在她美丽的外表下，更美的是她那细腻的发妆！每一个妆容、每一个发型都令人惊艳！怎么说呢……就是那种甜美中又带点个性的独特味道，以及像是不经意却又十分到位的浪漫氛围（唉……真不想承认当我男友跟我求婚时，犹豫的那20秒钟大概有3秒是在想——不知道凡妮莎档期现在排到哪了！）

我实在迷恋凡妮莎的手艺到不行，终于这本书把凡妮莎的手艺集结成册，让女孩们可以细细品味并且学习起来，将其当成宝典，不时拿出来翻阅！化妆需要学习，发型可以练习，但是方向要对才行！（亲爱的姐妹们请相信我，路走偏真的比不会发妆还要可怕！）所以有了凡妮莎老师的“指点”后，在自己人生每个重要的场合里，都能够找到最适合自己的造型，并且以最美丽的姿态出场，绽放光芒！

嗯……这样说来，如果我婚礼请不到凡妮莎的话，那只好现在赶快买本书回家练习，应该还来得及吧！

知名部落客　小草莓
BLOG：http://www.wretch.cc/blog/strawberry45

推荐序2

让你麻雀变凤凰的实用书！

知名部落客　Gina
BLOG：http://www.wretch.cc/blog/ginalacoco

什么！凡妮莎要出第二本彩妆发型书了！第一本人家都还没有好好学习完毕！这次听说内容还包括了非常厉害的PARTY妆，非常适合想变“凤凰”（大笑）的“麻雀们”，不过，当然里面不只有适合PARTY的凤凰妆容教学，也有可以参加婚宴的实用造型，让你可以自己打造出有着低调感，但是又可以小小不同的闪耀妆容唷！

我认识凡妮莎后，一直觉得她是个不拘小节的女孩，虽然已经嫁为人妻，但是她保有的青春直率还是让人非常的喜欢！我想，不管是少女还是人妻，不管年龄多大，我们都得保持着自信与美丽！所以GINA在这里真诚地推荐给大家这本书，我待会也要来练习哦～

作者序

自信就像骑脚踏车一样，
学会了就不会忘记！

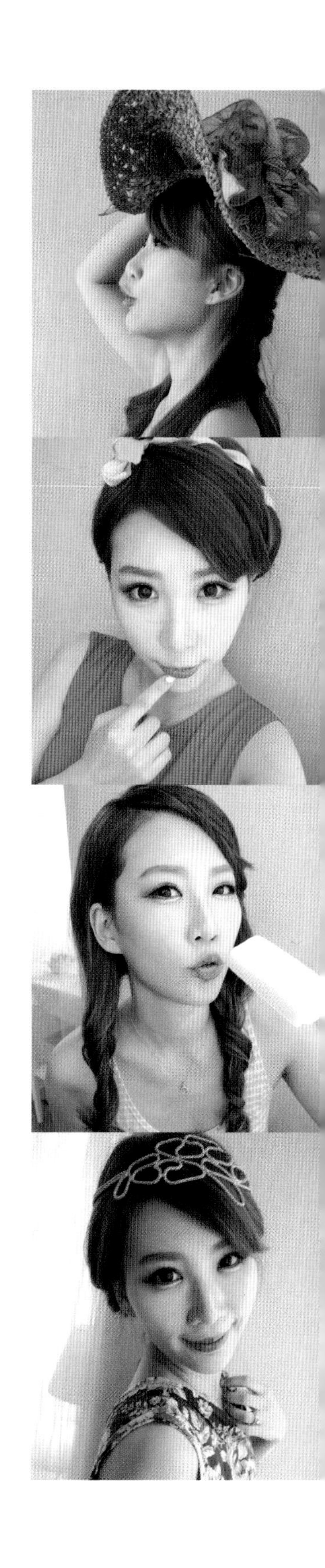

这本书的诞生，首先要感谢所有买了上一本书的朋友们！有你们的支持，才会有第二本的诞生！这本书同样的也是花了整整一年的心血才完成，真的跟生孩子一样啊！而且为了能够超越上一本，投注了更多心血和资源，希望能够让大家学习到更多发妆的技巧，还希望能帮助更多女孩儿们发现自己的美丽与自信！

我一直相信“打扮自己”是找到自信的最好方式，我常常会因为当天的打扮而影响到整个人做事的态度，那种感觉很像在玩角色扮演一样！想要展现利落感时，就穿上西装外套或皮外套，画上帅气的眼妆，梳个帅气的发型；想要展现温柔气质时，就穿上洋装，卷上微微的浪漫波浪。虽然你永远是同一个人，可是却可以经由打扮，变化出不同面貌，展现多变的自己，这也是让我爱上造型的原因之一！

有些人看过我没化妆的时候，可能会认为妆前、妆后差很多，尤其是眼睛的 Size 直接从 L 号变成 XXS，还有比较多的雀斑！当然我也曾经因为这些小小不完美，感到没有自信、或是觉得自己不够漂亮，但在学习妆发之后，我慢慢地学会打扮自己，变成大家眼中亮眼的凡妮莎，也因为这样，我在这当中慢慢变得有自信。这时我才发现……自信这种事情真的是像骑脚踏车一样，学会了就不会忘记了！

现在的我，就算是不化妆出门，还是一样可以很有自信，觉得自己还蛮漂亮的！哈哈！因为从打扮中得到自信的我，经过长时间的沉淀，自信已经完全地在我身上停留，我不会因为自己哪天不化妆、不打扮就失去了自信。

所以，如果你因为外表不够漂亮、不够完美，让你没有自信，请试着打扮自己、发现自己的美丽，告诉自己真的很美，告诉自己要抬头挺胸地走路，告诉自己要时时刻刻地自信微笑，相信久而久之，就算你不靠化妆、不靠外在的刻意装扮，也一样可以拥有自信！这真的是一件充满魔法的事情！透过发妆让自己更亮眼、更有自信，相信这样的你也会更懂得珍惜，学会爱自己、也学会爱他人！

最后，这本书还是要献给我最爱的母亲，这一位永远不会对我生气，无论我做任何事情都全力支持我，永远都觉得我很完美的伟大女性。我在母亲的身上得到了完整的爱，也得到了很多幸福，当然我也学习了她爱他人以及为家庭奉献的方式。如果你们身边也有一位这样的人，一定要好好地珍惜并且好好地生活，爱惜自己同样也爱惜身边的人！

VanessaB

目录
CONTENTS

4 推荐序

5 作者序

Part 01
凡妮莎教你〈妆出美丽〉！
Beauty Look!

底妆篇

14 光泽感底妆，透出钻石般的闪亮肌肤
18 棉花糖底妆，找回婴儿般粉嫩的肤质
21 水润感底妆，呈现水嫩透亮的饱水感

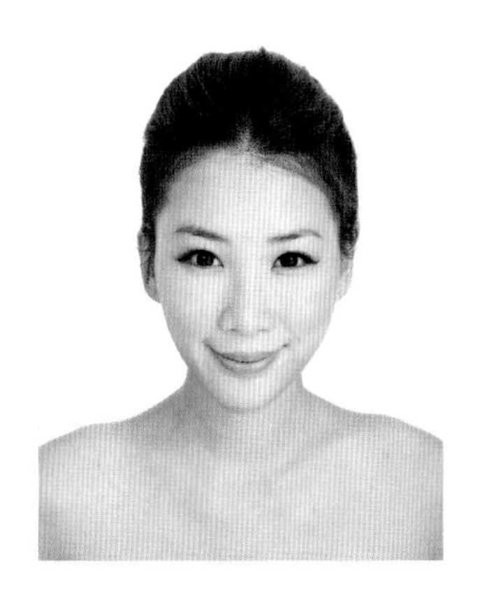

这样画，让你的妆容更立体精致！

24 眉型，决定你的个性
27 鼻影的基本画法
28 基础修容教学
30 卧蚕的基本画法
31 凡妮莎大推荐！好用刷具在这里！

目录
CONTENTS

黑色眼线妆 最简单却又充满无限可能！

34 全框式眼线，深邃有个性

38 华丽感眼线，散发温柔浪漫风情

42 黑色眼线，勾出迷人眼神

45 拉长眼线，打造性感眼神

48 线条感眼线，走在时髦的前端

咖啡色眼妆 制造出最自然的渐层感！

52 好感度女孩必备，轻柔咖啡色眼影

56 深邃迷蒙的咖啡色烟熏妆

60 让人无法忽视的帅气抢眼妆

63 甜美度100的洋娃娃大眼妆

66 散发轻熟女魅力的日系性感眼妆

彩色眼妆 可以大胆缤纷，也可以低调玩色！

70 立即化身少女的粉红甜心妆

74 有如花精灵般的梦幻紫色眼妆

78 复古味十足的神秘蓝色眼妆

81 大胆绽放个性的桃红色抢眼妆

84 鲜明活泼的橘配绿眼妆

派对妆 闪闪发亮，展现自信亮眼！

88 怦然心动的白色圣诞妆
92 喜气洋洋的金色好运妆
95 高贵奢华的华丽银色妆
98 狂野性感的猎艳豹纹妆
102 个性十足的黑色派对妆

完美卸妆

106 卸妆产品不要挑花眼
106 卸妆顺序
109 卸妆后，一定要用洗面奶进行二次清洁

Part 02
凡妮莎教你〈编出漂亮〉！
Pretty Hair！

辫子编发教学

112 2股编
113 3股麻花辫－正编
113 3股麻花辫－反编
114 “3+1”麻花辫
114 “3+2”麻花辫
115 4股编－款式1
116 4股编－款式2
116 鱼骨编
117 编发小帮手，造型加分的小秘密！

目录
CONTENTS

马尾 男人最爱的清新造型！

118 温柔可人的打结马尾
120 展现气质的麻花辫低马尾
122 简单可爱的扭转马尾
124 好感度满分的侧边马尾
126 率性利落的抢眼马尾

公主头 从简单的发型中脱颖而出！

128 浪漫度假风编发
130 立体蓬蓬公主头
132 异国风多层次公主头
134 两股辫公主头
136 韩系潮流公主头
138 侧边俏皮公主头

包包头 制造好感气息的必胜造型！

140 日系辫子包头
142 简易韩风包头
144 韩系利落包头
146 欧美派时尚包头
148 蜜糖麻花卷包头
150 甜美慵懒包头

麻花辫 利用编发技巧展示潮流时尚！

152 高时尚的韩系鱼骨辫
154 法式发带四股辫
156 充满活力的双边辫子
158 气质感UP的侧边麻花辫
160 名媛风辫子发箍

麻花辫盘发 最迷人的进阶发型！

162 优雅气质的辫子盘发
164 法式微甜的缎带盘发
166 浪漫情怀的麻花辫盘发
168 与众不同的辫子盘发
170 时尚风格的辫子盘发
172 优雅的女神盘发
174 温柔气质的轻熟盘发

扭转式盘发 能立即上手的盘发造型！

176 元气甜甜圈盘发
177 三步骤的上班快速盘发
178 轻便休闲的扭转盘发
180 名媛系典雅盘发
182 微甜可爱的卷发盘发
184 柔美低调的多层次盘发
186 华丽派对盘发
188 棉花糖蓬松盘发

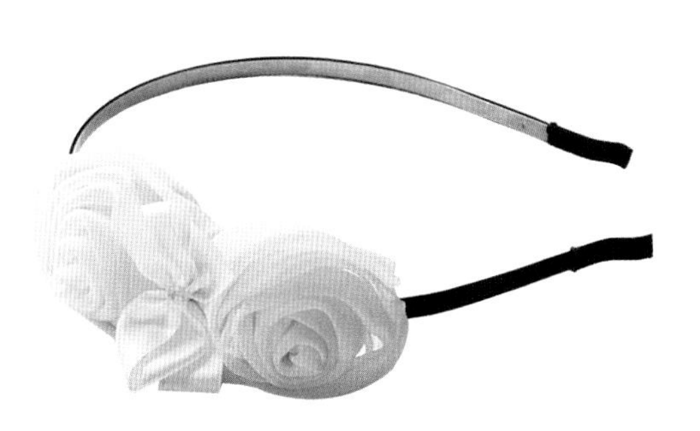

Part 01
凡妮莎教你〈妆出美丽〉！
Beauty Look!

你不是不漂亮，是可以更漂亮！
化妆的神奇，不仅让外表变亮丽，更让人拥有自信！

28款妆容搭配示范，
想要温柔婉约或是酷帅冷艳，都能尽情呈现！
上班妆、约会妆、派对妆，让你出席各种场合都不怕！
大饼脸、塌鼻子、小眼睛，凡妮莎教你不用微整型，
利用修容、画鼻影、眉型，就能创造出最立体精致的五官！

凡妮莎：
「从打扮中得到自信的我，经过时间，自信已经完全地在我身上停留，不会因为我今天不化妆、不打扮就失去了自信。」

底妆篇

底妆篇①

光泽感底妆

透出钻石般的闪亮肌肤

像钻石般的光泽感底妆可以让肌肤看起来超级光滑~~如果想要让脸部看起来很立体，或是想要拥有无瑕肌肤质地的人，就可以选择画上这种底妆。如果在晚上参加宴会或派对的时候，这样的底妆也会让肌肤显得特别好！

使用产品

❶ 欧盟 Bio 玫瑰保湿花粹
❷ DHCQ10 无瑕遮瑕笔
❸ CHANEL 净白防护妆前乳
❹ laura mercier 粉底液 #SUNNY BEIGE
❺ GIORGIO ARMANI 轻透亮丝光粉底 #7
❻ 肌肤之钥粉底液 #O10
❼ 润肌精柔滑盈润保湿乳液
❽ 欧盟 Bio 润泽美容液
❾ CANMAKE 小颜粉饼 #01
❿ KATE 眼影盘 #BR-2
⓫ 娇兰幻彩完美修颜蜜粉

Step by Step

1 喷上化妆水

在脸上均匀地喷上化妆水（产品 1），并用双手轻轻拍打，让化妆水吸收进肌肤。

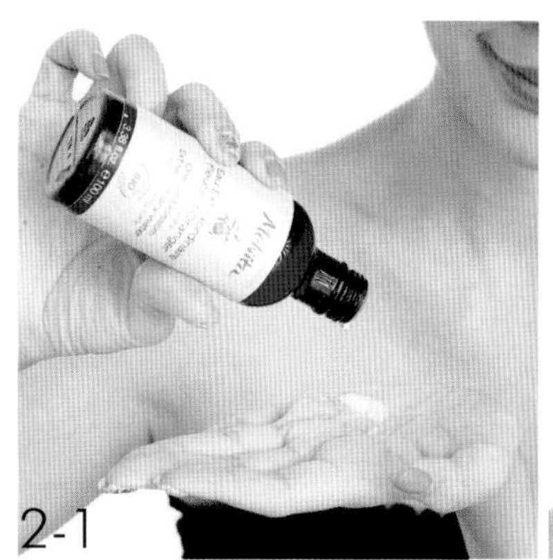

2-1

2-2

2 擦上乳液

将保湿乳液和精华液（产品7、8）互相调和后，涂抹按摩肌肤。

3

3 上隔离霜

用刷子沾取隔离霜（产品3），由内往外均匀地上满全脸。

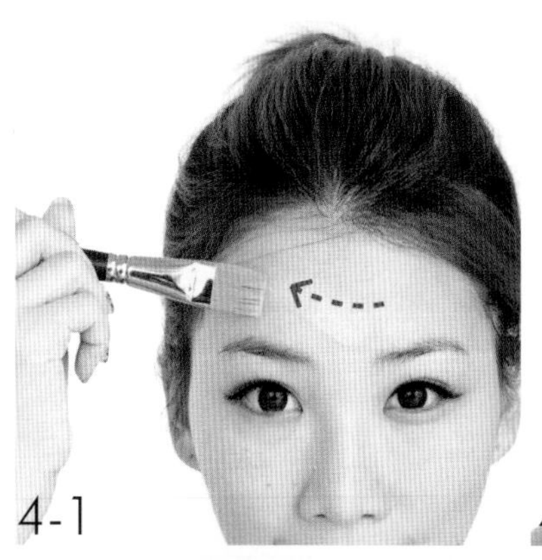

4-1

4-2

4 上粉底液

用刷子沾取有珠光的粉底液（产品5），由内往外涂抹，涂抹完后用海绵稍微按压一下，这个动作可以将多余的粉底液去除。

5

5 遮黑眼圈

用遮瑕笔（产品2）进行遮瑕及修饰黑眼圈。

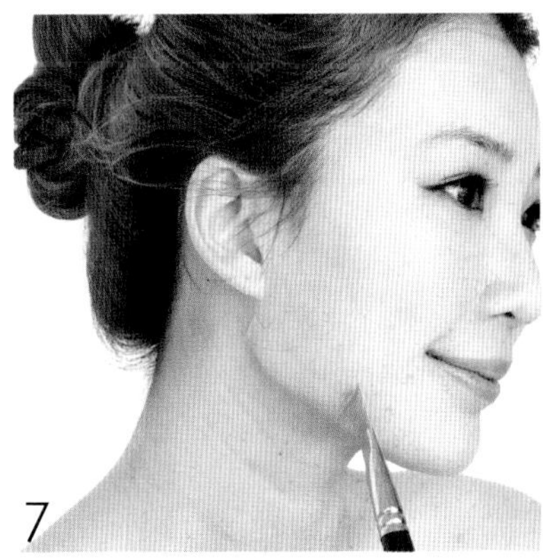

6 上局部粉底液

使用透亮感的粉底液（产品6），用刷子加强涂抹在脸部中央的位置。

7 修容

使用深色的粉底液（产品4）进行修容（关于修容的详细步骤，请见P28）。

8 打亮T字部位

用珠光蜜粉（产品11）打亮T字部位，使脸型看起来更立体。

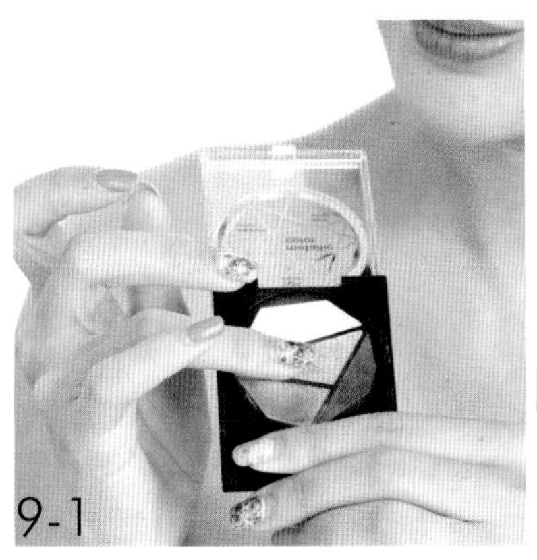

9 加强打亮

用指腹沾取肤色的珠光眼影（产品10，颜色A），加强打亮在颧骨和鼻梁的位置。眼影的用途其实很广的喔！

10 加强修容

最后用刷子沾取深色粉饼（产品9），加强修容部位（关于修容的详细步骤，请见P28）。

底妆篇②

棉花糖底妆

找回婴儿般粉嫩的肤质

棉花糖底妆其实就是比较雾面质地的底妆，如果你是脸部容易出油的女孩，就很适合这样的底妆，或者是想要让妆容呈现出比较年轻的感觉时，棉花糖底妆也很适合哦！就跟小婴儿的肌肤一样粉嫩粉嫩的！

使用产品

❶ 资生堂尚质蜜粉饼
❷ Dior 玫瑰粉颊彩 #001
❸ COVERMARK 维纳斯长效定妆隔离乳
❹ 娇兰特效水合保湿化妆水
❺ Helena Rubinstein 细胞修复再生精华粉底液 #04
❻ DHCQ10 无暇遮瑕笔
❼ 雪花秀滋阴生人参修护霜

Step by Step

1 上化妆水

先用化妆棉沾取化妆水（产品4），轻轻擦拭肌肤。

2 涂上乳霜

用手指以画圆的方式，将乳霜（产品7）涂抹于脸上。

3 上隔离霜

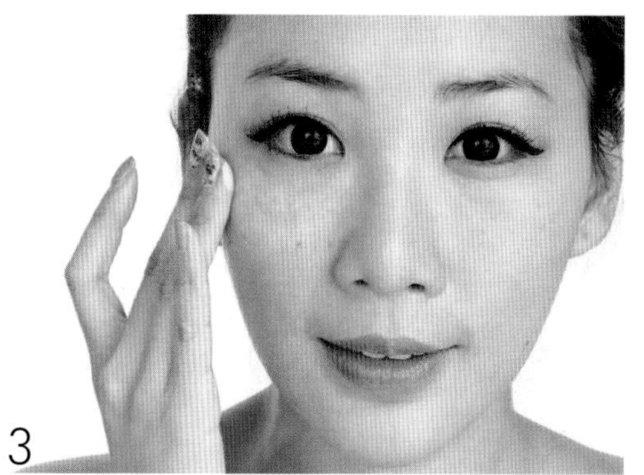

使用有抗油效果的隔离霜（产品3），制造妆容的粉雾感。

4 上粉底液

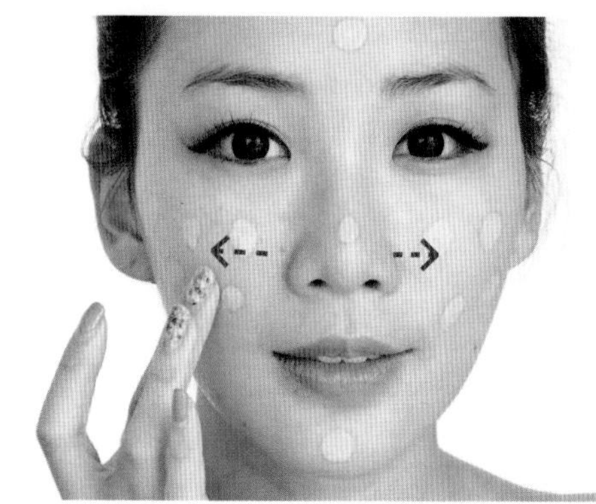

用指腹沾取粉底液（产品5），由内往外涂抹推匀。

5 海绵按压

用海绵将多余的粉底液按压掉，让妆容更均匀服贴。

6 遮黑眼圈

用遮瑕笔（产品6）进行遮瑕及修饰黑眼圈。

7 蜜粉定妆

用粉饼沾取蜜粉（产品1）按压肌肤，让妆容更粉嫩服贴。

8 刷上腮红

在颧骨位置刷上粉色腮红（产品2），增添甜美柔和的感觉。

底妆篇③

水润感底妆

呈现水嫩透亮的饱水感

这款底妆是我平时最常上的底妆类型，因为我的肌肤属于比较干燥的类型，所以上底妆前的保养步骤完全不能马虎，一样都不能少！在底妆中加点精华油等油脂成分比较高的保养品，可以让干燥脱皮的肌肤看起来更水嫩，皮肤干燥的姐妹一定要把这款底妆学起来！

使用产品

❶ CANMAKE 小颜粉饼 #01
❷ 肌肤之钥粉底液 #O10
❸ 欧盟 Bio 玫瑰保湿花粹
❹ PIXI 腮红蜜 #04Flushed
❺ DHC 纯橄情焕采精华
❻ DHCQ10 无瑕遮瑕笔
❼ RMK 蜜粉 #P00

Step by Step

1 上化妆水

在脸上均匀喷上化妆水（产品 3）。

2 按摩脸部

使用精华油（产品 5）按摩肌肤，让肌肤充分滋润。

3 调和粉底液与精华油

在粉底液中加入一滴精华油调匀（产品 2、5）。

4 上粉底液

将调匀后的粉底液用刷子从肌肤中央往外涂抹。

5 遮黑眼圈

用遮瑕笔（产品 6）进行遮瑕及修饰黑眼圈。

6 定妆

在眼下等容易脱妆的地方压上蜜粉（产品 7）。

7 修容

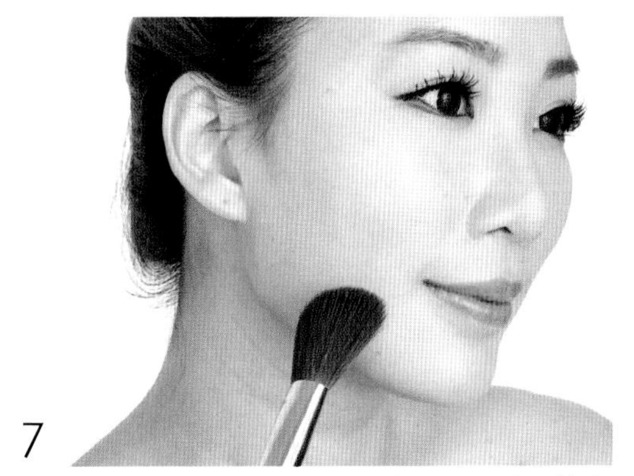

使用深色的粉底（产品 1）修饰下颚，增加妆容立体感，同时也能使脸型看起来更精致小巧（关于修容的详细步骤，请见 P28）。

8 涂上腮红

直接将腮红蜜（产品 4）或是液状腮红涂在手上，再用指腹轻轻点在两颊后晕开。

这样画，让你的妆容更**立体精致**！

我的第一本书《手残女都能征服的妆发全图解》出版之后，很多读者虽然对于化妆已经越来越上手，但是大家还是有一些疑虑，很多人在读者来信，或是我的粉丝团、博客留言问我，怎么样才能让妆容更显立体、更有质感呢？这真的是一个很好的问题，毕竟现在拍照时，可以用“美肌模式”把照片立即修白、修美，但是“立体精致”这件事，还是得靠化妆术才行！

其实要让妆容更显完美，不管是眉型、鼻影、修容等，都是很重要的小关键，下面分别一一讲解，一定能让大家的化妆技巧更上一层楼！

眉型，决定你的个性

眉型和眉毛的画法，往往可以改变一个人呈现出来的个性。下面分别就大家最喜欢的“韩系眉”和“日系眉”来解说一下。

最近的韩流风潮，让大家也开始注意韩国女星的妆容，发现她们都有着粗粗、短短、直直的眉毛，这种韩系眉毛看起来自然又年轻，让大家也都跃跃欲试。而日系眉毛近来也受到韩风的流行变得比较粗了！但日本人很聪明，他们并不是完全照搬，而是只学习其精华部分，将日系眉稍做改良，不像以前那么细，看起来更自然！

韩系粗眉示范

眉型重点：这个眉毛特别适合长脸的女孩，如果你的脸型比较宽短就不要画这种眉毛了，因为粗眉会让脸看起来更短！韩国明星个个都是瓜子脸，而且流行垫下巴，所以如果你是短脸人，就勇敢舍弃韩系眉吧！

使用产品

SK-II 上质光丝滑持色保养眉笔 #B20

Step by Step

检视自己的眉型，找出眉峰和眉尾的位置。

用眉梳梳顺眉毛。

用修眉刀将杂毛去除干净。

用眉笔画出韩系粗眉的框框。

续用眉笔将框框里的空洞补满。

用眉刷稍微晕淡眉毛。

韩系粗眉完成。

日系自然眉示范

眉型重点：日系眉的重点就是颜色要淡，还要看得到根根分明的感觉，使用液状眉笔一根一根的描绘会看起来更自然！日系眉的粗细度适中，尾巴比较细，如果想要画出柔和的妆容时，都可以画此款眉型！

使用产品

❶ Dolly Wink 玩美眉彩粉 #01
❷ Dolly Wink 玩美眉彩膏 #01
❸ ESPRIQUE 液状眉笔 #BR300

Step by Step

用眉笔沾取眉粉（产品 1）将眉毛延长，超出眼尾 0.2 厘米左右。

用液状眉笔（产品 3）填补眉毛空隙。

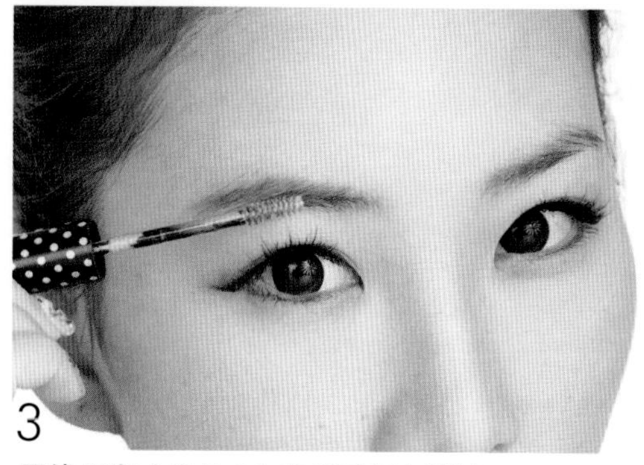

用染眉膏（产品 2）将眉毛颜色刷淡。

日系眉完成图。

鼻影的基本画法

如果要我选择只能画一个地方出门，我就会选择鼻影！亚洲人通常鼻子都比较宽、山根又比较低，其实这些烦恼都可以靠化妆修饰，当然每个人鼻型不一样，要制造阴影跟打亮的地方也会不太一样。大家化妆前一定要先检视自己的五官，了解自己后，才会画得更好哦！

修容重点

❶ 画上两条鼻影线，使鼻子看起来更直挺
❷ 修饰宽鼻翼
❸ 打亮山根

使用产品

❶ ❷

❶ Urban Decay 裸妆眼影盘 Naked Palette
❷ 黛珂粧魔法蜜粉饼

Step by Step

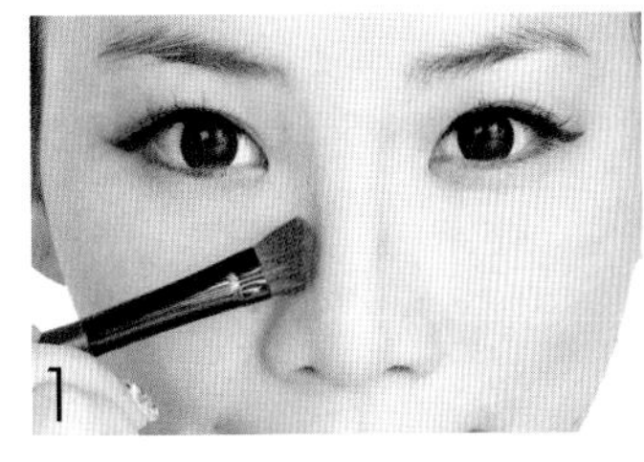

用笔刷沾取咖啡色眼影粉（产品1，颜色A），从眉头的位置往下画两条笔直的鼻影线。

用手指指腹将这两条鼻影线晕开，让鼻影更自然。

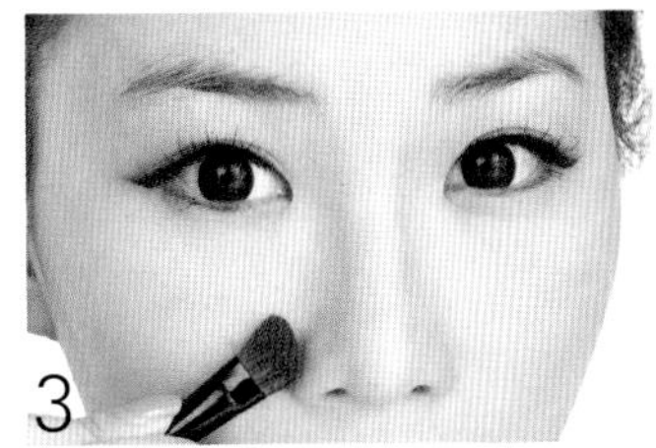

如果鼻翼较宽的人可以用眼影粉（产品1，颜色A）加强修饰。

用蜜粉（产品2）打亮山根，创造鼻子更高挺立体的效果。

基础修容教学

修容是化妆里非常重要的一部分，想要让脸看起来立体、精致，修容的工作一定不能少！其实修容的时候只要把 Angela baby 的照片拿出来，然后把你跟她的脸比较一下，把多出来的地方由外往内修掉就可以了！

Before

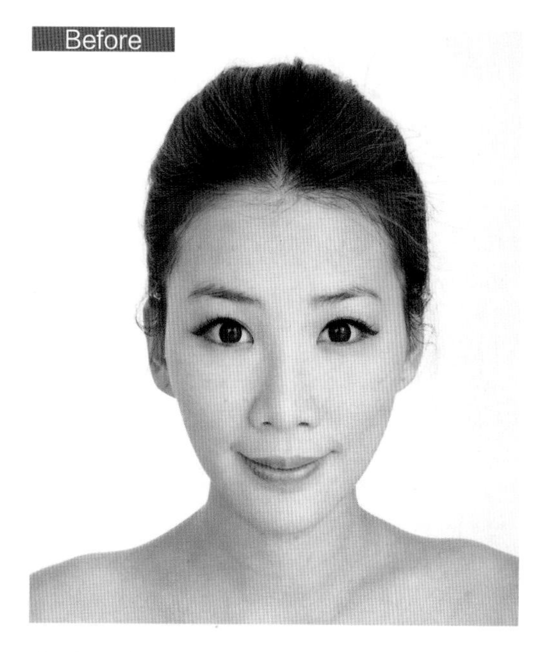

After

修容重点

❶ 通常修容饼可以选比自己肤色深两到三号的粉饼，就会非常适合自己。

❷ 成功的修容一定要让别人看不出来，就好像自然的阴影一般，所以像脖子、耳朵这种容易显现色差的地方，大家一定要注意用余粉带过哦！

使用产品

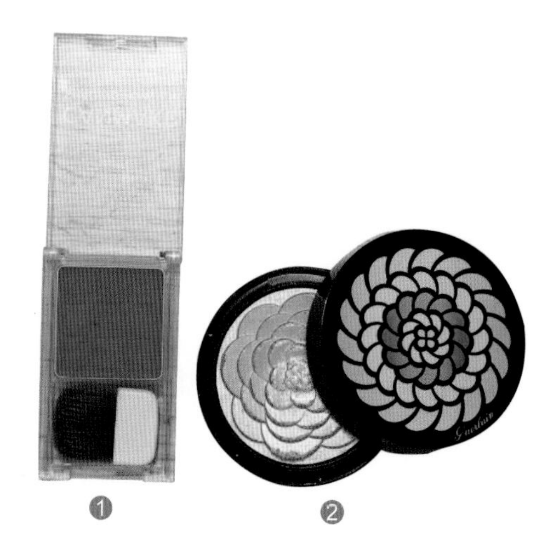

❶ ❷

❶ CANMAKE 小颜粉饼 #01

❷ 娇兰幻彩完美修颜蜜粉

Step by Step

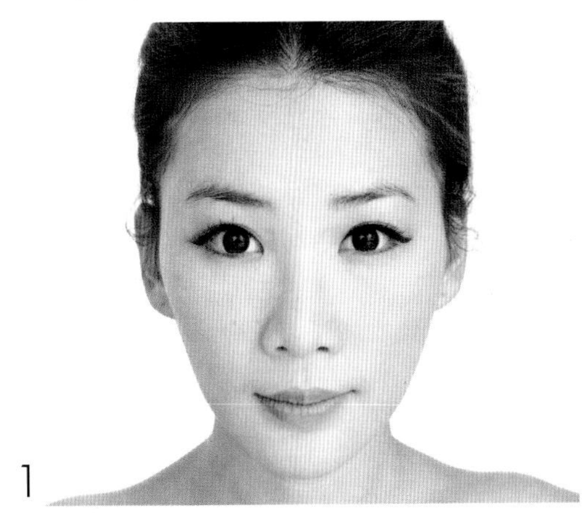

1

检视自己的脸型。

2

用深色的粉饼（产品 1）或粉底液，从脖子往下颚方向由外往内刷，修出下颚的曲线。

3

将所有想修饰的部位由外往内刷。

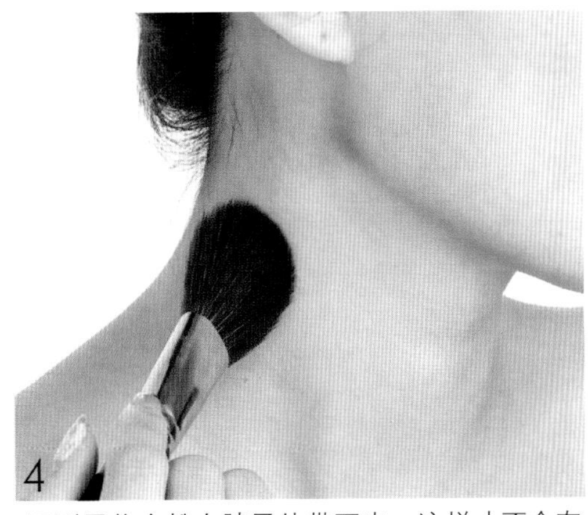

4

用刷子将余粉在脖子处带下来，这样才不会有色差感！

5

用修容蜜粉（产品 2）打亮 T 字部位就完成了。

卧蚕的基本画法

有卧蚕的女生看起来会多一点可爱、温柔又楚楚可怜的感觉！为了能看起来更可爱一点，我发明了画卧蚕这个东西！

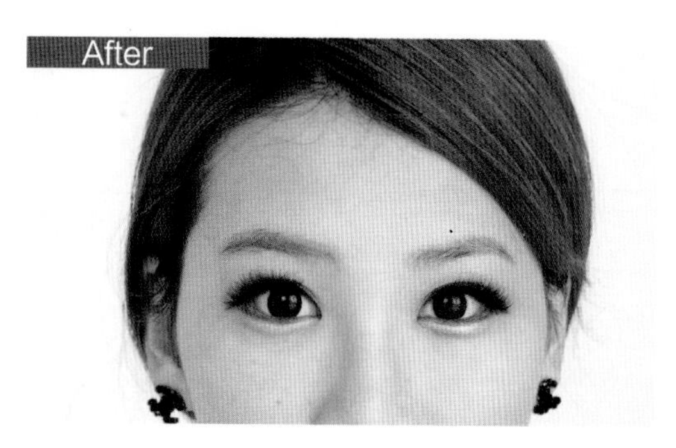

修容重点

概念很简单，把想要凹进去的地方画上咖啡色阴影，想凸出来的地方打亮就可以喽！

使用产品

❶ ❷ ❸

❶ KATE 咖啡色眼线笔
❷ 粉红色眼影笔 #Eye Trick Big Eye Stick
❸ ETUDE HOUSE 银白色眼线液

Step by Step

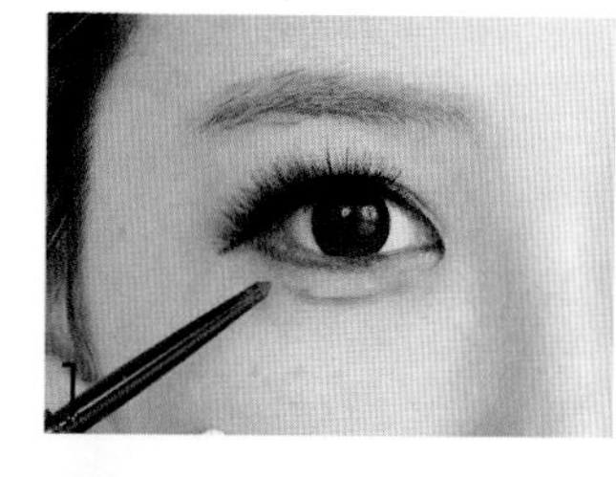

微笑时，眼睛要用力，笑出一点点卧蚕，然后用咖啡色眼线笔（产品 1）在凹陷处画出卧蚕的范围。

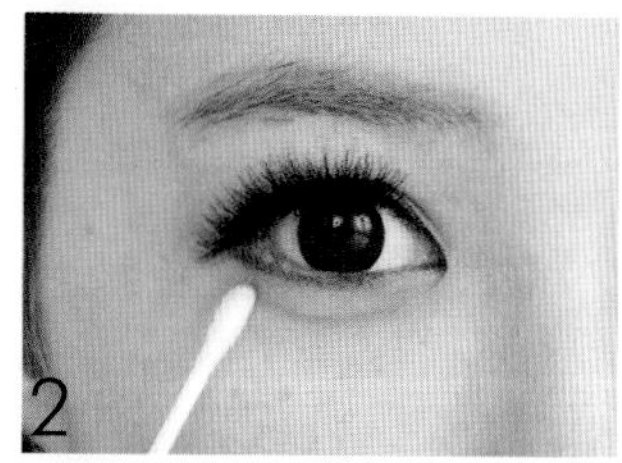

用棉花棒晕开刚刚用眼线笔画过的地方。

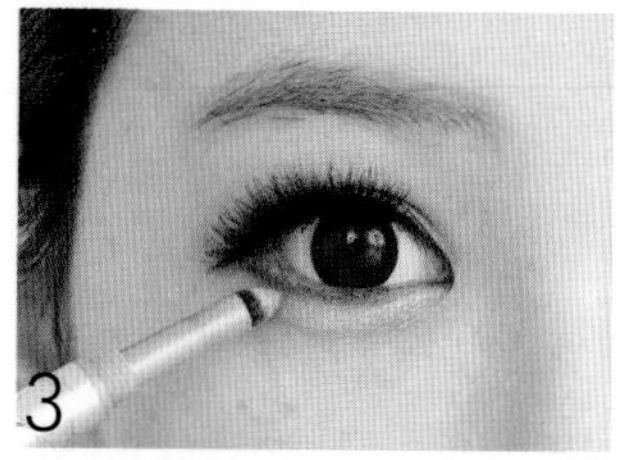

用粉红色眼影笔（产品 2）填满整个卧蚕。

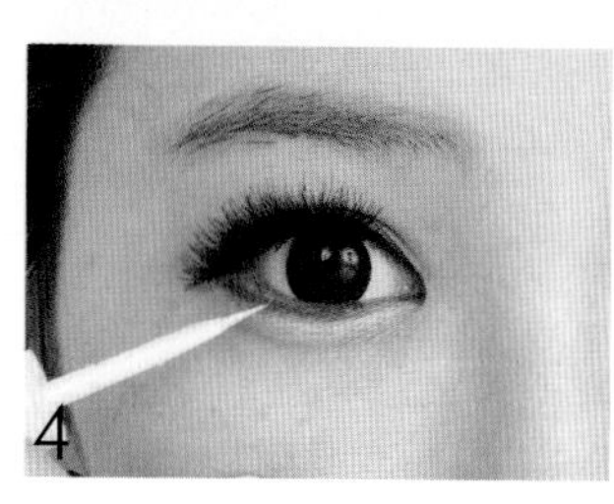

最后用银白色眼线液（产品 3）打亮卧蚕就完成了！

凡妮莎大推荐！好用刷具在这里！

“妆要画得好，刷具少不了”这句话真的十分中肯啊！好的刷具不仅会让彩妆发挥出淋漓尽致的效果，更能让你的妆容更精致完美！拥有一组好刷具一定能让你功力大增，晋升成 PRO 级的彩妆达人哦！

粉底刷，刷出均匀薄透的底妆

❶ LSY 林三益 粉底刷 #506

刷毛弹性好，是我最常用的粉底刷，可以刷出薄透均匀的粉底。

❷ LSY 林三益 圆弧粉底刷 #536

扁平圆弧的设计适合大面积快速上妆，遮瑕力好，适合用在雀斑或斑点多的地方。

❸ LSY 林三益 底妆专用刷 #535

笔头是尖的，可以用在鼻翼及眼睛周围、发际细微处，更容易服贴上妆，毛孔大的人可以使用这支用画圆的方式进行遮瑕。

❹ LSY 林三益 修饰刷 #508

因为刷毛是平的，在上质地比较稠的粉凝霜或粉底膏的时候会选择使用这一支，它的遮盖效果也是最好的！

❺ BECCA 粉底遮瑕刷 #58

粉底霜、粉底液都可以使用，细微的地方也可以轻易刷到，遮瑕也很够力。

❻ SHISEIDO 国际柜 尚质粉底刷

携带方便，适合用在粉凝霜、粉底膏等比较稠的质地，帮助快速上好底妆。

蜜粉刷，快速又完美的最后定妆

❶ LSY 林三益 腮红蜜粉两用刷 #701

刷毛最柔软，因此适合所有的肤质使用，遮盖毛孔的效果一流！

❷ LUNASOL 蜜粉刷

刷毛软硬适中，适合一般肤质使用，用在需要大范围刷上蜜粉时。

❸ BOBBI BROWN 蜜粉刷

毛很扎实，适合皮肤较好的人，可以均匀分配刷上的粉，而且不会有余粉。痘痘肌不适合使用，因为刷毛较硬，会把之前先上好的遮瑕品不小心给刷掉哦！

眼影刷，轻松晕染描绘出眼妆

❶ LSY 林三益 晕染眼影刷 #513

晕染眼影的效果非常好，象是画烟熏妆或者是晕染眼线时都相当适合。

❷ LSY 林三益 大圆弧眼刷 #514

刷毛短又扎实，可以呈现出饱和的眼影颜色，适合在双眼皮褶内加深眼影时用。

❸ LSY 林三益 平口刷 #516

刷毛柔软，刷头是平口的，适合用在下眼影或是用眼影画眼线时。

❹ LSY 林三益 小圆眼影刷 #511

可在画眼线胶或者是画眼尾的眼影时使用，适合用在细微的小地方。

❺ BECCA 眼部轮廓刷 #38

圆头的刷子，很适合拿来晕染，可以画出漂亮的眼影渐层效果。

❻ BECCA 眼影刷 #30

刷毛比较硬，沾眼线胶画内眼线或拉长眼线、描绘线条时很好用。

❼ BECCA 眼影刷 #31

适合用来刷眼影膏、眼影粉，很容易画出眼影渐层色；在眼尾加深、眼头加强眼影时，也适合使用此款眼影刷。

修容刷，修出立体精致小脸

❶ ANNA SUI 妆可爱蜜粉刷

虽然它是蜜粉刷，但也可以当作修容刷使用，又大又平的刷毛面积，胖胖脸超适用，修饰下颚曲线时非常方便。

❷ LSY 林三益 斜角腮红刷 #505

可当腮红刷也可当修容刷，刷毛是三支当中最柔软的！刷毛的斜角角度大，非常实用，如局部修容、打亮 T 字部位时都很好用。

❸ MAC 斜角修容刷 #168

尺寸大小适中，最常使用在 T 字部位和下巴，还有眼睛的 C 字部位。

腮红刷，制造出天生自然的好气色

❶ LSY 林三益 腮红蜜粉两用刷 #503

我最常用的就是这一支，它可以把腮红晕染的很漂亮，刷毛也很柔软，刷起来非常舒服！

❷ LSY 林三益 心形腮红蜜粉两用刷（紫 & 白）

心形系列造型的腮红刷让人爱不释手！紫色这支比较大，可用于刷出大范围的腮红；白色这支比较小，可用来做笑肌小范围的加强。

❸ Laduree 腮红刷（购于日本）

这只腮红刷的造型真的是梦幻到不行，我默默地把它当成收藏品珍藏起来。

❶ ❷ ❸

唇刷，精准地勾勒出诱人唇形

ANNA SUI 吻我吧唇刷

造型很可爱，而且附有盖子不会弄脏刷头。刷毛很柔软，描绘唇形我都用它，因为太喜欢了，所以陆陆续续买了 4 支呢！

刷具旅行组，带着好心情去旅行

出国旅行都会带的就是这组可爱到不行的 Kitty 刷具组了，每个女生都没办法抵挡粉红色的诱惑吧！这组刷具包含了蜜粉腮红刷、粉底刷、眼影刷、眼影斜刷、鼻影晕染两用刷，一应俱全且携带方便！

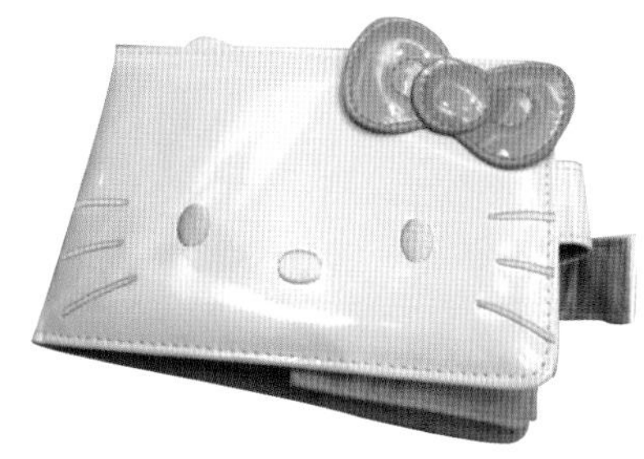

LSY 林三益粉红
Hello Kitty 彩妆刷具组

黑色眼线妆

最简单却又充满无限可能！

黑色眼线是最基本、最平凡的入门妆容，但是当你运用不同的技巧时，又能变化出千变万化的风格！

象是拉长眼线就能变身成性感尤物、故意不把眼线填满反而让眼睛更有神……

只要你有创意、敢尝试，即使是简单平凡的东西，也能发挥出无限创意的可能！

全框式眼线

深邃有个性 黑色眼线妆①

想要凸显眼睛，最好的眼线表现方式就是全框式眼线了！虽然这种化妆方式有可能会让眼睛看起来没有太大的放大效果，可是深邃感的呈现却是第一名哦！如果既想能展现出令人印象深刻的眼神，又不想刻意加上太多浓重的眼影，这款眼妆就非常适合你！对眼白太多显得黑眼球太小的人，这款眼妆也很适合！

使用产品

❶ PAUL&JOE 巴黎订制唇膏 #304
❷ KATE 眼影盘 #BR-2
❸ RMK 眼影盘 #02Iridescent Deep Red
❹ 植村秀橘色腮红
❺ ETUDE HOUSE 银白色眼线液
❻ KATE 黑色眼线笔
❼ LANCOME 睫毛膏
❽ 恋爱魔镜睫毛膏
❾ JILL STUART 光灿宝石眼彩冻 #03 platinum satin
❿ KOJI 假睫毛 #04

Step by Step

1 眼窝打底

用指腹沾取肤色眼彩冻（产品 9）在整个眼窝打底。

2 涂满眼窝

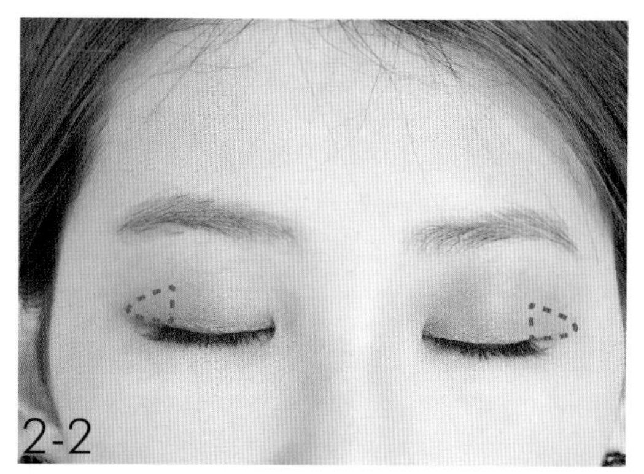

使用粉红棕色眼影（产品 3）涂满整个眼窝，在眼尾加强上色，呈现较深的颜色。

3 画下眼影

由后往前画上粉红棕色下眼影（产品 3）。

4 画上眼影

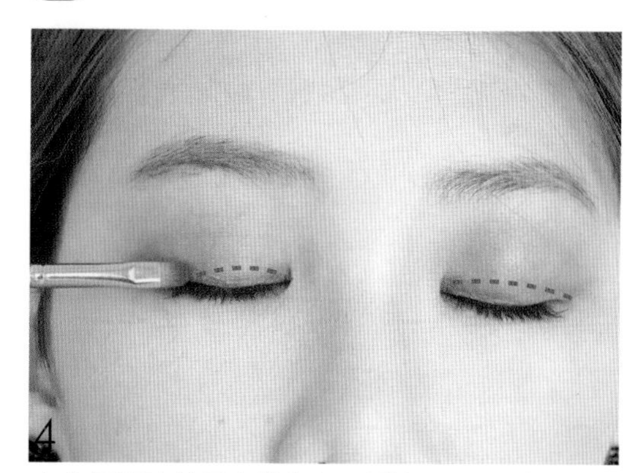

在靠近眼睑处画上棕灰色眼影（产品 2，颜色 A）加强。

5 画上眼线

用黑色眼线笔（产品 6）画上粗一点的上眼线。

6 画下眼线

用黑色眼线笔（产品 6）勾勒下眼线，从眼头到眼尾整个框住，并将眼尾处仔细与上眼线连接。

7 晕开下眼线

用笔刷轻轻将下眼线晕开，制造出一点点烟熏的效果。

8 刷睫毛膏

先用恋爱魔镜睫毛膏（产品 8）刷出根根分明的效果，再用 LANCOME 浓密型睫毛膏（产品 7）刷出浓密感。

9 戴上假睫毛

戴上尖尾交叉款的假睫毛（产品 10），让眼睛立即放大。

10 画下眼线

用银白色眼线液（产品 5）画下眼线（大约画在眼睛前 2/3 的位置），增加明亮感。

11 刷上腮红

在两边颧骨处刷上橘色腮红（产品 4）。

12 涂抹唇膏

用指腹涂抹红色唇膏（产品 1）。用指腹按压的方式，可以制造出自然的效果。

黑色眼线妆②

华丽感眼线

散发温柔浪漫风情

此款眼妆是我最常画的眼妆，除了可以让小眼睛的我眼睛看起来变大之外，假卧蚕更是让我看起来好相处（因为其实我平常容易让人误认为看起来很有距离）。所以想要拥有水汪汪的眼睛，或者是想要看起来温柔可人的话，这款眼妆绝对要学起来哦！

使用产品

❶ Urban Decay 裸妆眼影盘 Naked Palette

❷ COVERGIRL 唇膏 #805 pucker moue

❸ KATE 黑色眼线笔

❹ KATE 咖啡色眼线笔

❺ too cool for school 绝招！ 大眼棒！ #Eye Trick Big Eye Stick

❻ ETUDE HOUSE 银白色眼线液

❼ RMK 棕色眼影 #BR-05Beige

❽ GIORGIO ARMANI 腮红

❾ BEAUTY WORLD 假睫毛 #OLM985

❿ 公主李交叉 7 假睫毛

Step by Step

1 眼窝打底

先用眼影刷沾取雾面浅咖啡色眼影（产品 7）涂满整个眼窝。

2 加强眼影

用眼影刷沾取棕色金属感的眼影（产品 1，颜色 A）加强涂在双眼皮内。

3 画上眼线

用黑色眼线笔（产品 3）画眼线，顺着眼形在眼尾处往下拉，要画超出眼睛约 0.5 厘米。

4 刷上睫毛膏

刷上一层淡淡的睫毛膏，这里不用刻意将睫毛刷得太浓，因为待会就要戴上两层假睫毛了。

5 戴假睫毛

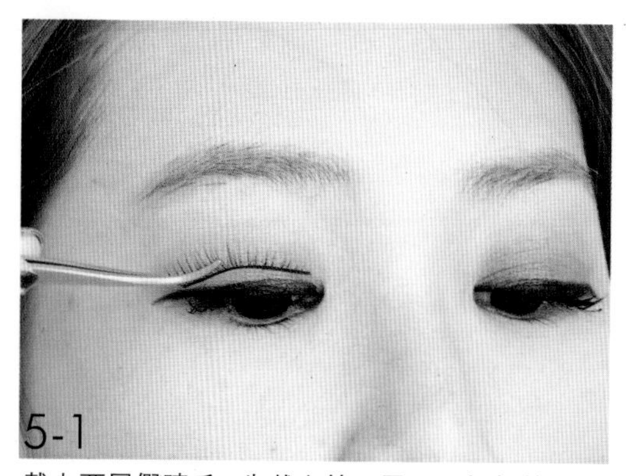

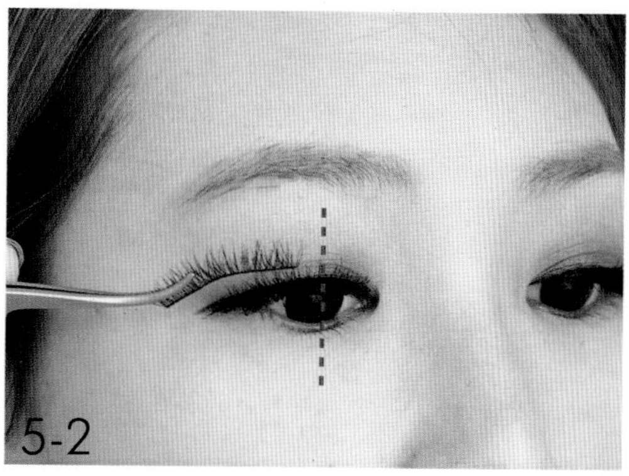

戴上两层假睫毛。先戴上第一层眼尾加长款（产品 9），第二层将交叉 7 假睫毛（产品 10）反过来戴，戴的位置大概是在眼睛后 1/2 的位置，制造出浓密的效果！

6 画下眼线

用咖啡色眼线笔（产品 4）由后往前画下眼线，只要画眼尾后 1/3 即可。

7 画下眼影

用眼影刷沾取咖啡色眼影（产品 1，颜色 B）由后往前画上下眼影。

8 画假卧蚕

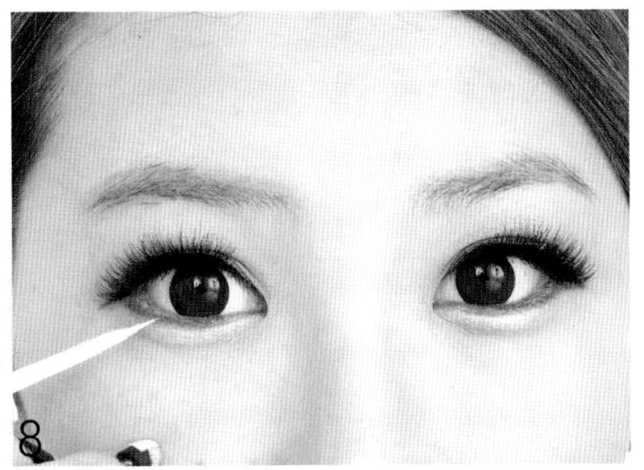

想画出成功的假卧蚕需要一些小技巧，可参考 P30“卧蚕的基本画法”，里面会有更完整的解说（产品 4、5、6）。

9 刷下睫毛

使用睫毛膏刷下睫毛，记得要用直立式刷法，才能刷出根根分明的效果。

10 刷上腮红

用刷子由下往上、斜斜地刷上粉色腮红（产品 8）。

11 涂抹唇膏

涂上浅粉色的唇膏（产品 2）就完成了。

黑色眼线妆③

黑色眼线

勾出迷人眼神

黑色眼线对我而言，就跟每天要吃维他命一样，非常重要！少了它就会觉得没精神！这个眼妆我将眼线当成主角，让明显的眼线创造出神秘又性感的眼神，所以眼影跟腮红的颜色都要降低，这样才能更凸显深邃的时尚黑色眼线哦！

使用产品

1. Kiss Me 黑色眼线液
2. KATE 黑色眼线笔
3. MAC 唇蜜 #WOO ME
4. 恋爱魔镜睫毛膏
5. LANCOME 睫毛膏
6. MAC 腮红 #BABY DON'T GO
7. KATE 眼影盘 #BR-2
8. BECCA 眼影盘 #Avalon Palette

Step by Step

1 眼窝打底

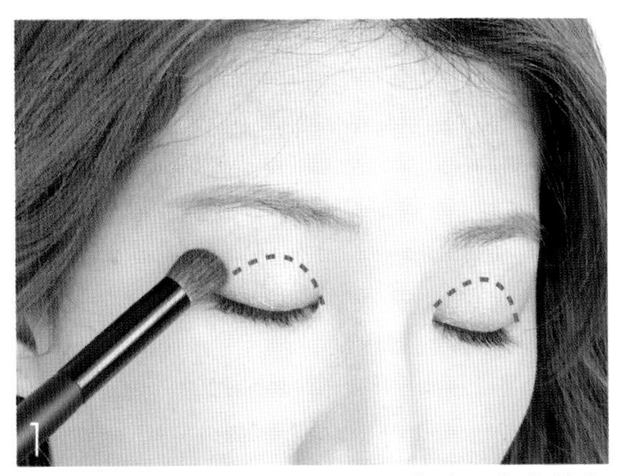

用裸色光泽感的眼影（产品 7，颜色 A）在整个眼窝处打底。

2 画上眼线

用黑色眼线笔（产品 2）画上眼线，并补满睫毛间的空隙。

3 加强上眼线

再使用黑色眼线液（产品 1）重复画在刚才的眼线上，加强颜色浓度，并将眼尾微微向上勾起。

4 加强眼窝立体感

在眼窝及眼尾位置，使用粉雾感的棕色眼影（产品 8，颜色 B）。

制造眼窝立体感。

5 刷上睫毛

刷上睫毛膏，刷出根根分明的效果（产品 4）。

6 画下眼影

使用粉雾感的棕色眼影（产品 8，颜色 B）画下眼影。

7 刷下睫毛

下睫毛用直立式刷法刷上睫毛膏（产品 5），让下睫毛呈现自然放射状。

8 刷上腮红

用刷子刷上淡淡的裸色腮红（产品 6），呈现出自然的好气色。

9 上唇蜜

最后涂上裸肤色的唇蜜（产品 3）就完成了。

黑色眼线妆④

拉长眼线

打造性感眼神

哈韩族们请注意：这款妆一定要好好学哦！如果你想要自己保持清纯靓丽的少女形象一定要学会画这个眼妆！通常亚洲人画上这种细长的眼线看起来会很性感，尤其是眼睛原本不大的女生画起来更是神秘性感到了极点！女孩们假如偶尔想要换换口味狂野一下，或是去看韩星演唱会时，这款眼妆就非常适用啦！

使用产品

❶ 恋爱魔镜睫毛膏
❷ MAKE UP FOREVER 双效防水亮唇蜜
❸ PAUL&JOE 左岸冰淇淋眼蜜 #02
❹ KissMe 黑色眼线液笔
❺ KATE 黑色眼线液笔
❻ GIORGIO ARMANI 腮红
❼ KOJI 假睫毛 #04

Step by Step

1 眼窝打底

用银色的眼影膏（产品 3）涂在上眼皮和双眼皮内。

2 画下眼影

下眼睑也使用同样的眼影膏（产品 3）画在卧蚕的位置。

3 画上眼线

用黑色眼线笔画平拉式的上眼线，之后再同样用眼线液笔描绘一次（产品 4、5），这个妆的眼线要画粗一点，长度要画超出眼尾 1 厘米左右，才能呈现出气势。

4 画下眼线

用眼线液笔（产品 4）从上眼尾的眼线处开始画下眼线，把整个眼形框起，记得要小心连接好上下眼线。

5 画眼头

使用细头的眼线液笔（产品 4）描绘眼头的眼线，这个动作可以让眼睛看起来更大。

6 刷上睫毛

刷上睫毛膏（产品 1），将睫毛刷得根根分明。

7 戴假睫毛

戴上交叉型的假睫毛（产品 7），让眼神更性感迷人。

8 刷上腮红

用刷子刷上淡粉色腮红（产品 6），用斜上刷的方式，从脸颊往上斜斜地刷至颧骨。

9 涂上唇蜜

涂上红色雾面的唇蜜（产品 2），让妆容更显完整、有气势。

黑色眼线妆⑤

线条感眼线

走在时髦的前端

此款眼妆可以说是既帅气又很有趣！不把眼线补满，除了眼睛看起来变得有神外，双眼皮也变明显了，眨眼的时候，眼线更是帅到不行！想走帅气路线的女孩可以试试这款眼妆，一定会让你看起来与众不同！

使用产品

❶ JILL STUART 花舞爱恋频彩粉 #01
❷ CHANEL 黑色眼影
❸ LANCOME 睫毛膏
❹ elile 黑色眼线液笔
❺ KATE 黑色眼线笔
❻ JILL STUART 光灿宝石眼彩冻 #08crystal sky
❼ 恋爱魔镜睫毛膏
❽ 裸色唇蜜
❾ D.U.P 假睫毛 #910

Step by Step

1 眼窝打底

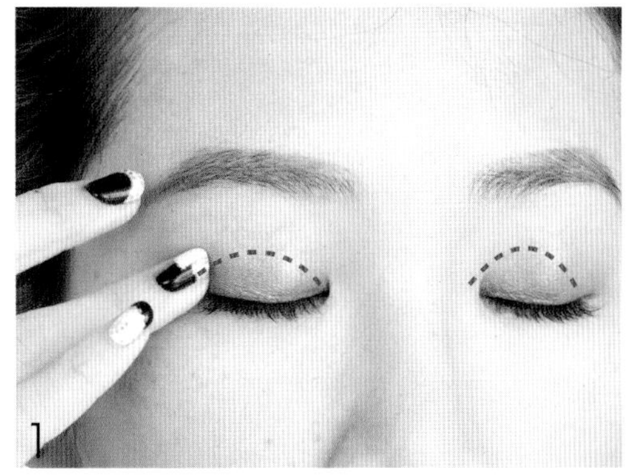

用指腹沾取浅紫灰色眼影（产品6），涂抹在整个眼窝打底。

2 画上眼线

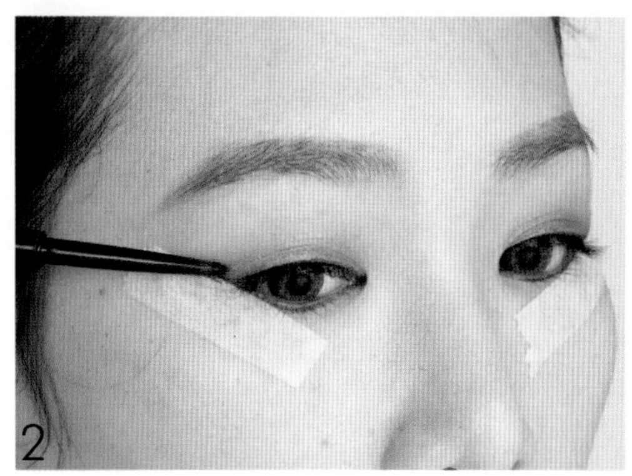

用黑色眼线笔（产品5）画上眼线，眼尾处要往上拉。如果想要画出对称、不失败的上扬眼线，可以贴上透气胶带辅助。

3 画出框框

继续用黑色眼线笔（产品5）将眼尾上拉的眼线往前画。

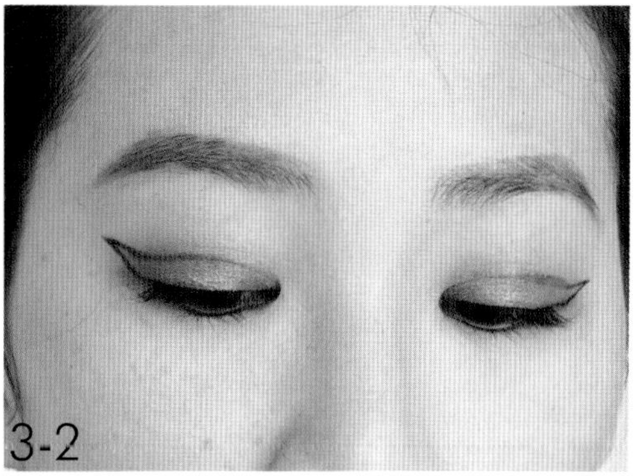

3-2

在眼皮上方画出框框。

4 画上眼影

用眼影刷沾取黑色眼影（产品2），由后往前将框框涂成眼尾深眼头浅、有渐层感的样子。

5 画下眼线

用黑色眼线笔（产品5）画下眼线。

6 描绘外框

使用黑色眼线液笔（产品4）将眼线外框描绘明显一点，加重眼妆的线条感。

7 刷上睫毛

刷上睫毛膏（产品3）。

8 戴假睫毛

戴上自然款的假睫毛（产品9），因为这款妆容的重点是眼线，所以假睫毛千万不可太过浓密，以免抢走眼线的风采。

9 画上裸唇

先用手指沾取粉底液遮盖唇色，再涂上裸色的唇蜜（产品8）。

10 刷上腮红

用刷子在整个脸颊来回大范围地刷上粉色腮红（产品1）。

咖啡色眼线妆

制造出最自然的渐层感！

咖啡色眼影是每个女生都该拥有的必备颜色！

咖啡色非常适合东方人的肤色，涂上后，就会象是自己肤色透出的渐层色一般，自然地制造出阴影！

搭配各种深浅颜色，让咖啡色眼影不仅可以温柔也可以更具个性！

咖啡色眼线妆①

好感度女孩必备
轻柔咖啡色眼影

咖啡色眼影的一大特点是可以“杀人于无形”，因为咖啡色是种非常神秘的颜色，画在脸上常常会有阴影的效果，象是原本的肤色一般，只要轻轻地上色，看起来就会有种若隐若现的感觉，让人搞不清楚你到底有没有画眼影，可是眼睛却变得更深邃迷人哦！

使用产品

1. URBAN DECAY 眼 影 #Midnight Cowboy
2. KATE 黑色眼线笔
3. BECCA 咖啡色眼影
4. 妙巴黎女王驾到睫毛膏
5. RMB 水舞光采盘（Eyes）#01
6. innisfree 肤色眼线笔
7. YSL 唇蜜 #GROSS PUR
8. too cool for school 绝招！大眼棒！#Eye Trick Big Eye Stick
9. GIORGIO ARMANI 腮红 #2
10. 公主李交叉 7 假睫毛
11. Dolly Wink 下睫毛 #NO.6

Step by Step

1 眼窝打底

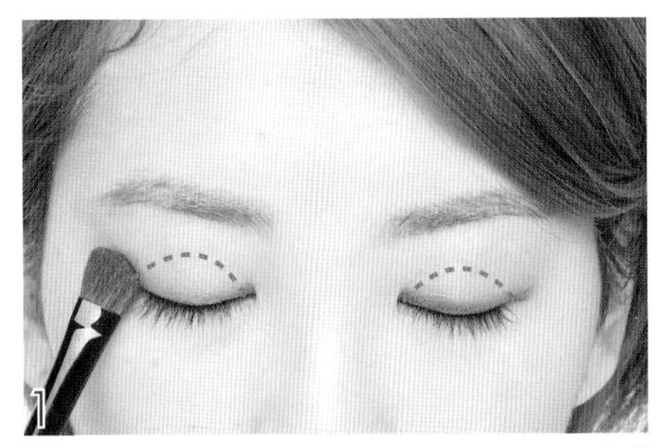

用刷子沾取珠光裸肤色的眼影（产品 1）打亮整个眼窝。

2 画上眼影

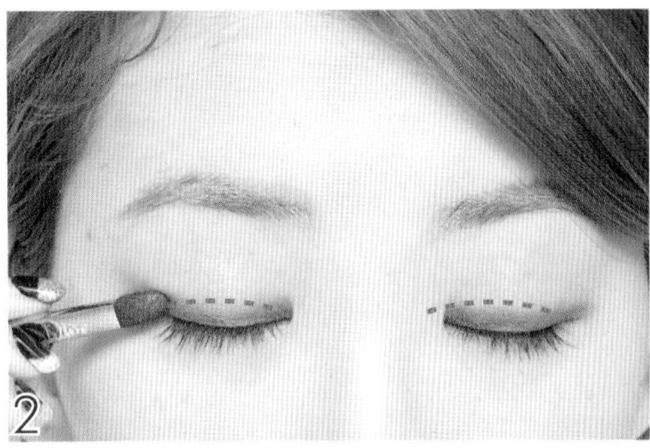

用海绵棒沾取咖啡色眼影（产品 5，颜色 A）画在靠近睫毛根部和眼尾的地方。

3 画下眼影

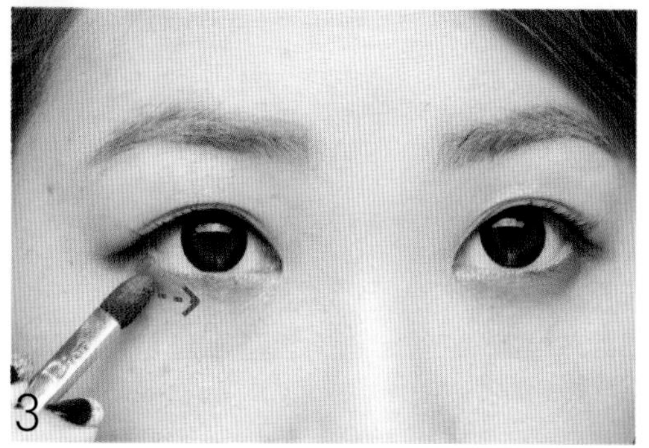

从下眼尾处，由后往前画上同样的咖啡色眼影（产品 5，颜色 A）。

4 画下内眼线

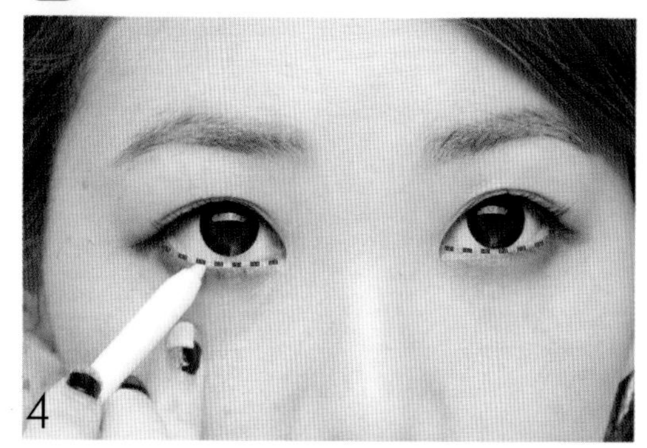

用肤色眼线笔（产品 6）在下眼睑处画内眼线。

5 画内、外眼线

用黑色眼线笔（产品 2）画上内眼线，画的时候记得要补满睫毛间的空隙。

6 刷上睫毛

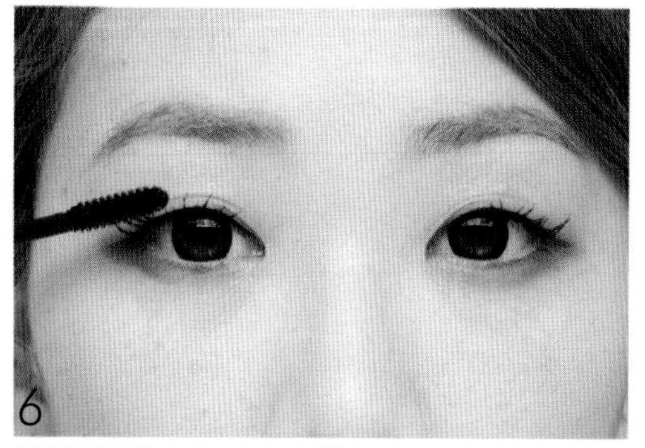

用睫毛膏（产品 4）往上挑起睫毛呈放射状刷开。

7 将假睫毛分段

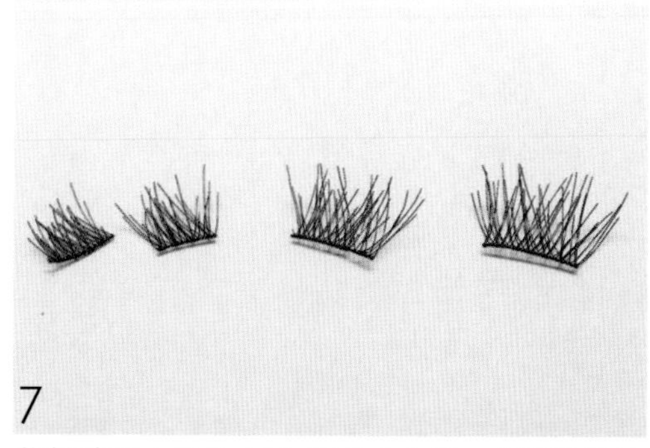

将假睫毛（产品 10）剪成 4 小段，分段粘贴的效果会更自然哦！（选择软梗的假睫毛，可以让真假睫毛更容易彻底融为一体。）

8 分段戴上假睫毛

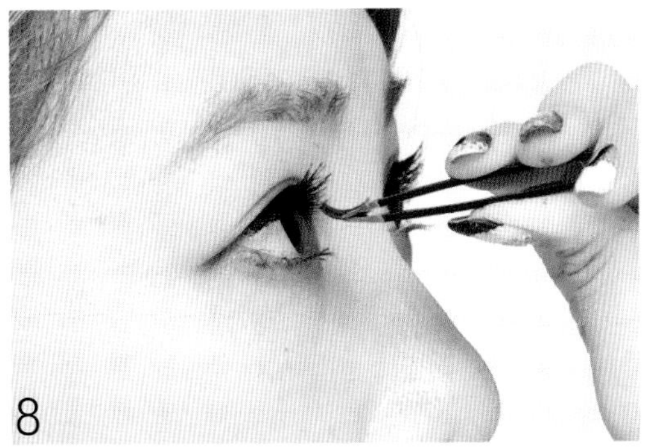

一般假睫毛是粘在真睫毛的上层，不过此款妆容要将假睫毛粘在真睫毛下层的眼睑处，可以呈现出更自然的眼妆。

9 加强眼尾

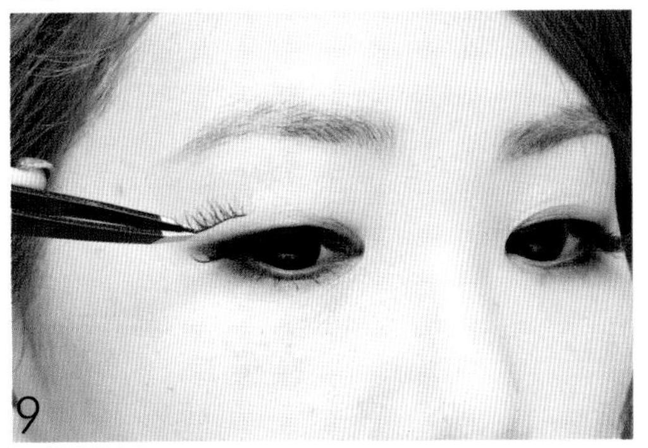

在眼尾的地方再加上半副假睫毛（产品 10），可以让眼睛更有神。

10 戴下睫毛

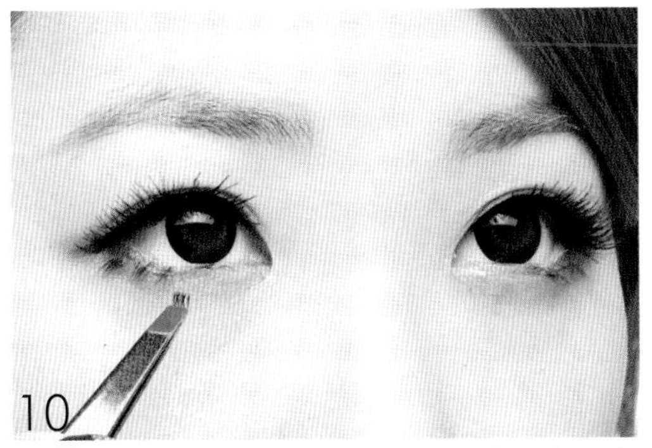

从眼尾由后往前粘下睫毛（产品 11），每一小段的间隔约 0.2 厘米。

11 打亮眼头

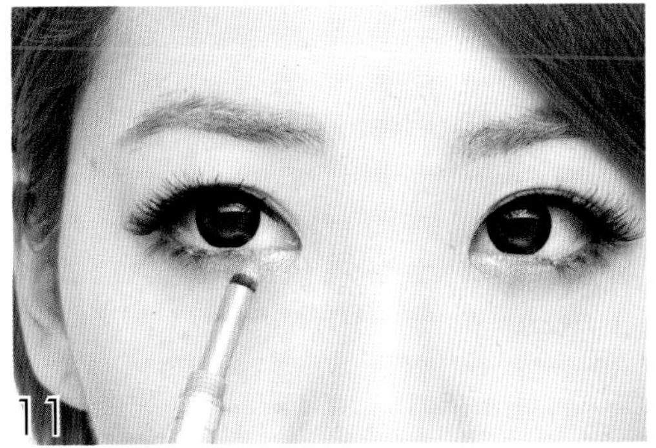

用粉色的眼影笔（产品 8）打亮眼头处。

12 刷上腮红

用刷子刷上淡淡的裸色腮红（产品 9），呈现出自然的好气色。

13 涂上唇蜜

最后涂上奶茶色的唇蜜（产品 7）就完成了。

凡妮莎小叮咛

此款眼妆为了让假睫毛看起来象真睫毛般自然，把假睫毛粘在真睫毛下层的内眼睑处，所以在睫毛胶的选择上要特别注意，我使用的是经过医学认可的低过敏 duo 睫毛胶！

duo 睫毛胶（购于 m.a.c 专柜）

咖啡色眼线妆②

深邃迷蒙的

咖啡色烟熏妆

如果把咖啡色当做烟熏妆的主色，除了眼神看起来更加柔和干净之外，还可达到比黑色眼影更让眼睛放大的效果！可是要将烟熏感的眼妆画好其实不是很容易，除了平时要多加练习之外，怕晕染不均匀的美女们可以加上亮粉！一闪一闪的光泽除了很美丽之外，还可以分散眼影涂抹不匀的窘境哦！

使用产品

1. ANNA SUI 金色珠光眼线液
2. ANNA SUI 咖啡色眼影膏
3. KATE 黑色眼线笔
4. MaiDoll 黑色眼线液
5. ETUDE HOUSE 心花朵朵开爱恋娇羞颊彩 #OR202
6. MAC 柔矿迷光眼影 #Gilt By Association
7. YSL 唇蜜 #09
8. LANCOME 睫毛膏
9. 植村秀金银眼影
10. NYX 咖啡色眼影
11. Beauty World 假睫毛 #981
12. Dolly Wink 假睫毛 #NO.8

Step by Step

1 调和眼影

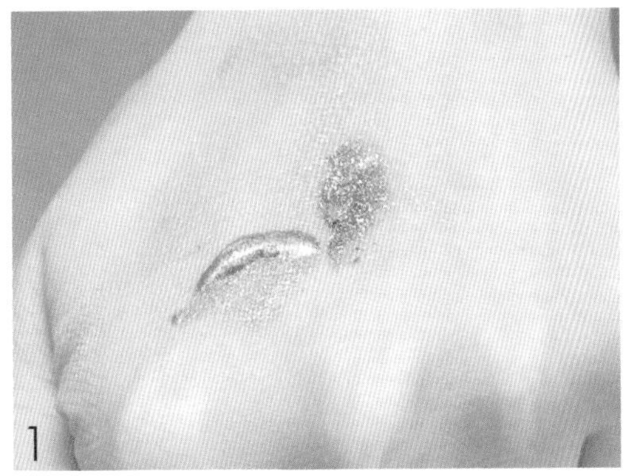

先将金色珠光眼线液（产品 1）和咖啡色眼影膏（产品 2）调和成独特的咖啡色眼影。

2 眼窝打底

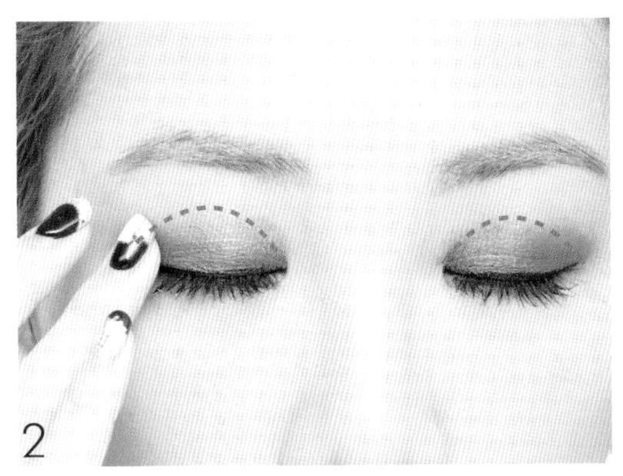

用指腹将调和过的咖啡色眼影涂满整个上眼皮。

3 画下眼影

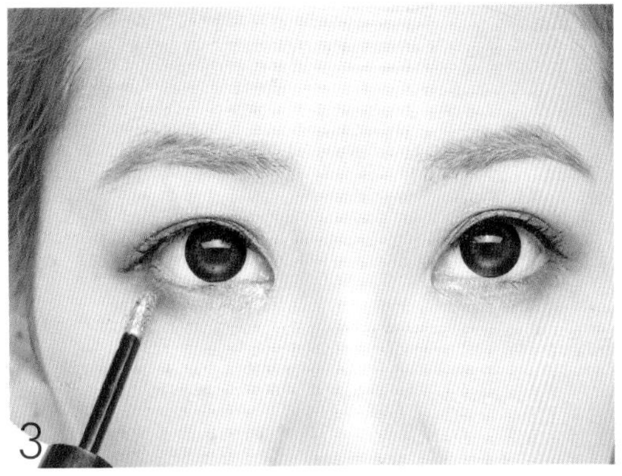

用调和过的咖啡色眼影画在下眼睑的卧蚕位置。

4 加强眼影

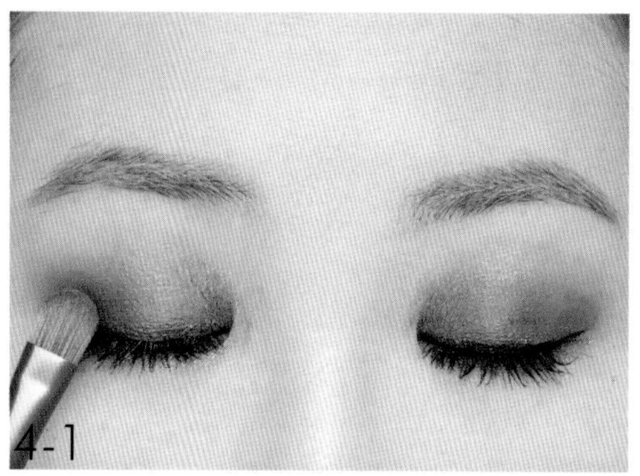

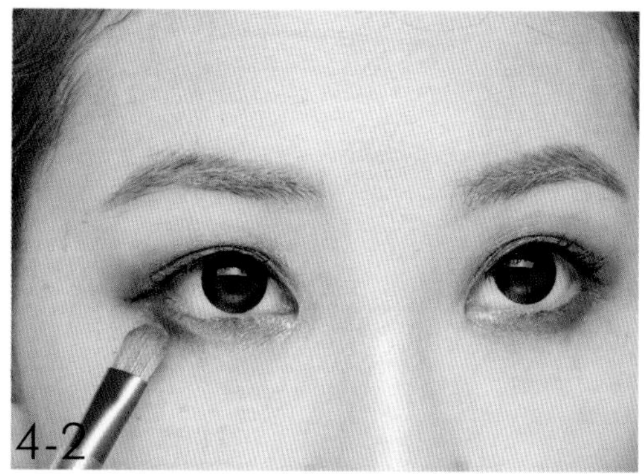

用较深的咖啡色眼影（产品 6）加强在步骤 2、3 画的位置，这个动作可以让眼影有层次，眼睛看起来也会更迷人深邃。

5 画上、下眼线

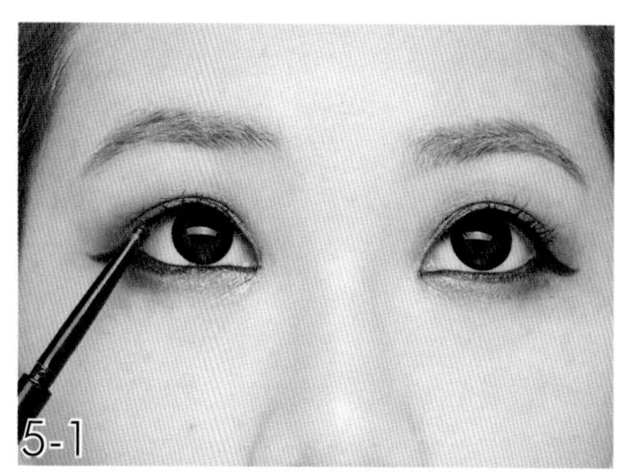

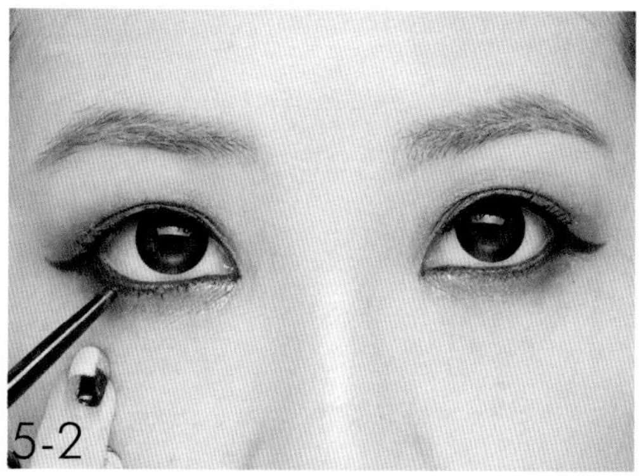

用黑色眼线笔（产品 3）分别画上、下眼线，眼尾要记得拉长，上下眼线也要连接在一起喔！

6 晕染上眼线

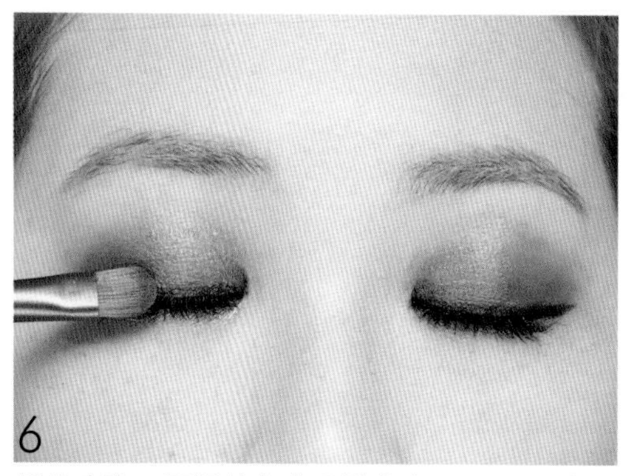

用比步骤 4 更深的咖啡眼影（产品 10）晕染上眼线的位置。

7 加强眼线

用黑色眼线液笔（产品 3）加强上眼线，并拉长眼尾。

8 刷上睫毛

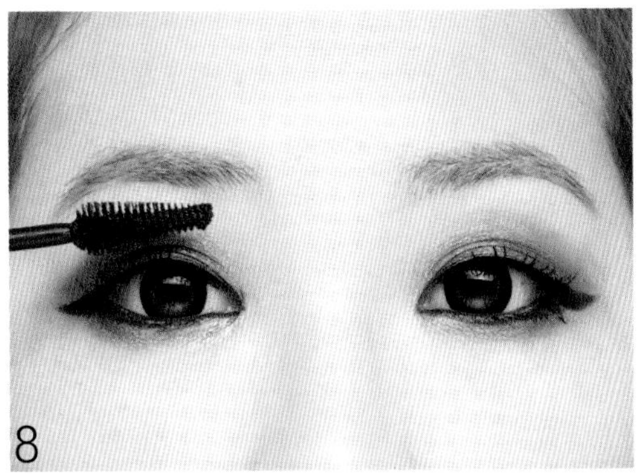

刷上浓密睫毛膏（产品8）。

9 戴假睫毛

上睫毛戴上浓密且根根分明款的假睫毛（产品11）。

下睫毛戴上分段式的下睫毛（产品12），要由后往前粘上去！

10 加强眼影光泽

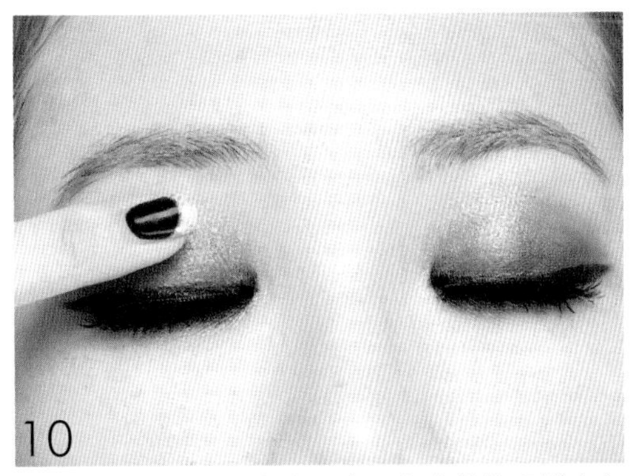

用指腹在眼球正上方点上有金色亮粉的眼影（产品9）加强光泽感。

11 刷上腮红

用刷子斜斜刷上有光泽感的粉红色腮红(产品5)。

12 涂上唇膏

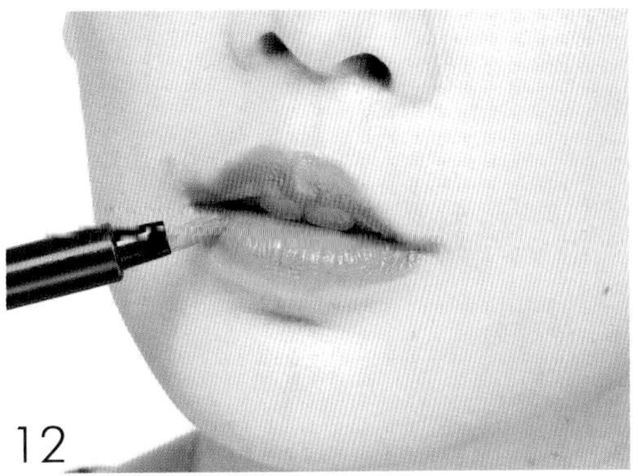

最后涂上玫瑰红的唇膏（产品7）就完成了。

咖啡色眼线妆③

让人无法忽视的

帅气抢眼妆

虽然咖啡色通常看起来会比较柔和，但是如果酷帅妹想利用咖啡色眼影来制造杀气，也是有可能的！这款妆容就是用咖啡色眼影当作眼线的方式，制造出又美又有杀气的帅气妆感！！好吧！皮衣可以准备拿出来了！

使用产品

❶ RMK 眼影 #BR-05 Beige
❷ KATE 黑色眼线笔
❸ NYX 单色眼影 #ES138PINE NUT
❹ NARS 双色眼影
❺ HR 睫毛膏
❻ JILL STUART 深魅眼彩宝盒 #06
❼ AK 假睫毛 #AK-611
❽ CANMAKE 甜心无敌假睫毛 #NO.7
❾ MAC 裸色唇膏 #NATURALLY ECCENTRIC

Step by Step

1 眼窝打底

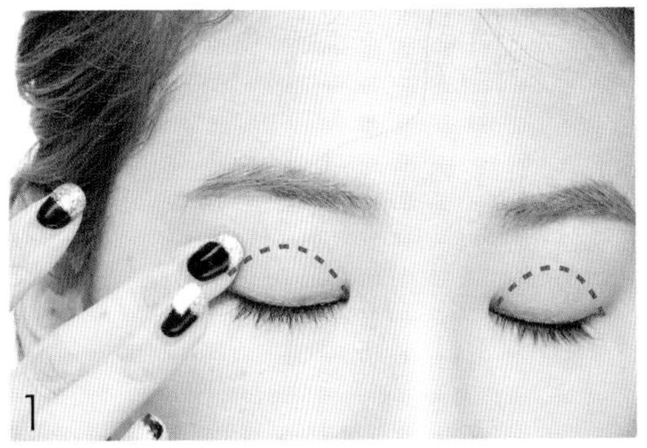

用指腹沾取裸色雾面的眼影（产品 1），在整个眼窝处打底。

2 画上眼影

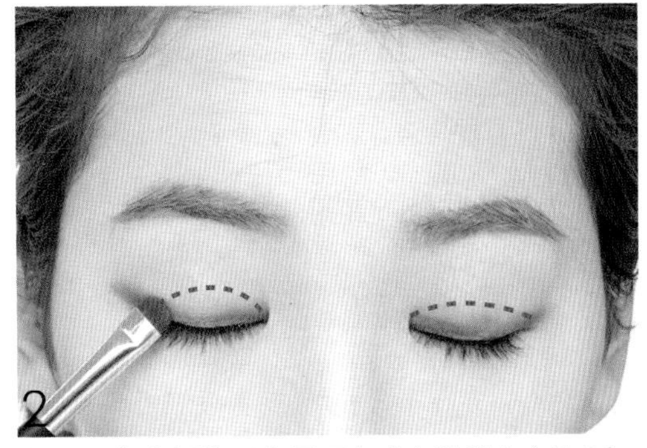

在双眼皮内褶处画上雾面咖啡色眼影（产品 3）。

3 加强眼影

眼尾用比步骤 2 更深的咖啡色眼影（产品 4，颜色 A）拉长，象画眼线一样，但要画粗一点。

4 画内眼线

用黑色眼线笔（产品 2）画内眼线。

5 刷上睫毛

刷上睫毛膏（产品 5）。

6 戴假睫毛

戴上浓密款的假睫毛（产品 7）。

7 戴下睫毛

下睫毛一样戴上浓密款的假睫毛（产品 8）。

8 画下眼影

用咖啡色眼影（产品 3）画下眼影，可以画得比平常粗一点。

9 下压假睫毛

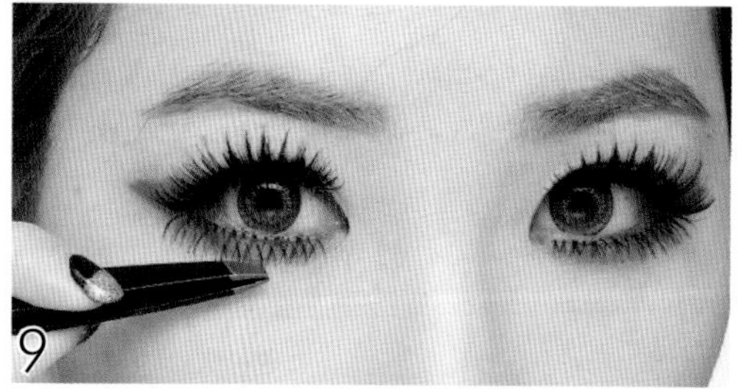

用小夹子将下睫毛往下轻压，让假睫毛贴近眼皮。

10 打亮眼头

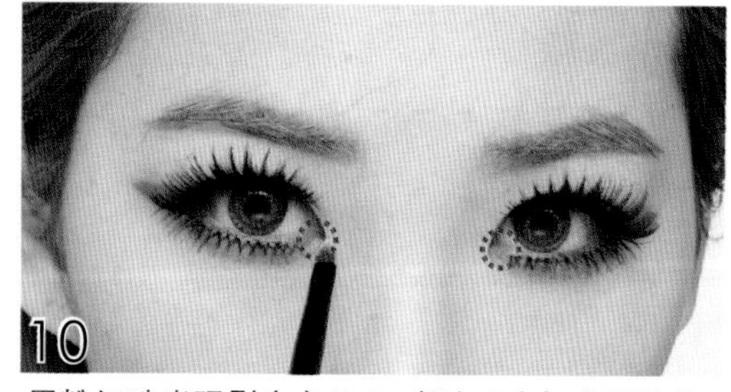

用粉红珠光眼影（产品 6，颜色 B）打亮眼头处，加强亮丽清新感。

11 涂上唇膏

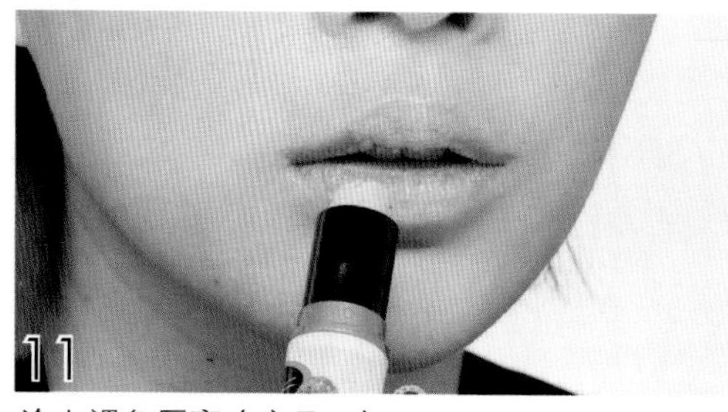

涂上裸色唇膏（产品 9）。

咖啡色眼线妆④

甜美度 100 的
洋娃娃大眼妆

如果想让眼睛放大，你的化妆包里三件宝贝必不可少，它们是：眼线、假睫毛、咖啡色眼影。想要有一双大大圆圆的大眼睛，首先要用眼线和咖啡色眼影让眼睛放大，千万不要忘了戴上假睫毛。建议大家上、下睫毛都要戴，尤其是尖尾的假睫毛，放大眼睛的效果最好，小眼女孩可千万不能错过哦！

使用产品

1. JILL STUART 光灿宝石眼彩冻 #03platinum satin
2. KATE 黑色眼线笔
3. SHISEIDO 唇膏 #PK214
4. SOFINA 星钻美形舒芙蕾眼彩 #557
5. 妙巴黎女王驾到睫毛膏
6. RMK 腮红 #EX-06 Rose
7. Anmiel 假睫毛 #NO.100
8. Anmiel 假睫毛 #NO.300

Step by Step

1 眼窝打底

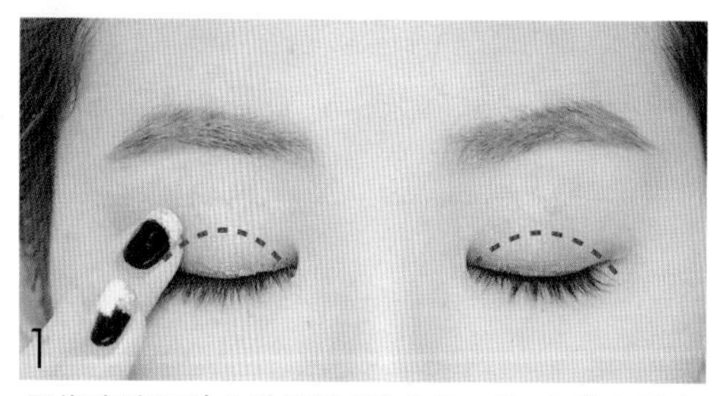

用指腹沾取肤色珠光眼影（产品 1）打亮整个眼窝。

2 画上眼影

用刷子沾取有光泽感的咖啡色眼影（产品 4，颜色 A）画在上眼尾的地方。

3 画内外眼线

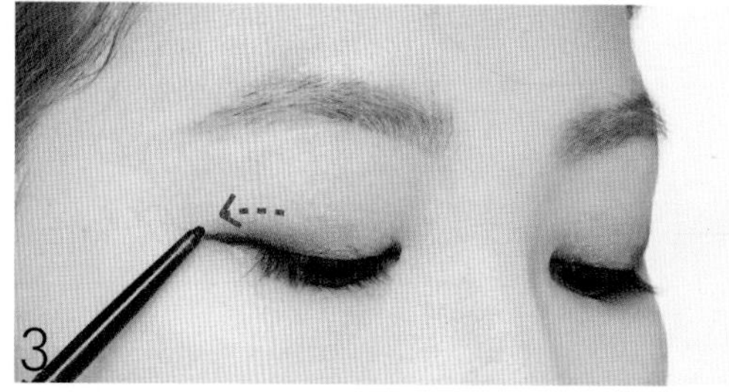

先用黑色眼线笔（产品 2）画内眼线后，再画上外眼线加强，并平拉超出眼尾 0.5 厘米。

4 刷上睫毛

用睫毛膏（产品 5）刷出放射状的睫毛。

5 戴假睫毛

戴上眼尾加长型的浓密假睫毛（产品7），让眼睛立刻放大又充满魅力！

6 画下眼影

用珠光白色眼影（产品4，颜色B）画下眼影，增加梦幻的感觉。

7 画下眼线

下眼尾用眼线笔（产品2）加强并晕染开。

8 刷下睫毛

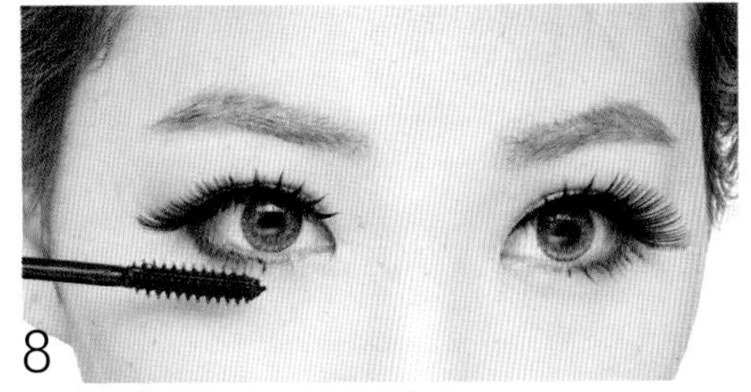

用睫毛膏（产品5）刷下睫毛。

9 戴下睫毛

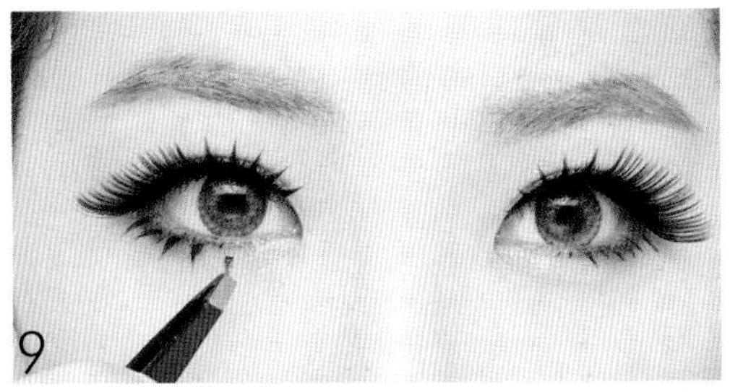

由后往前粘上下睫毛（产品8），下眼尾记得要留点空隙，不要戴在靠近下睫毛处。

10 刷上腮红

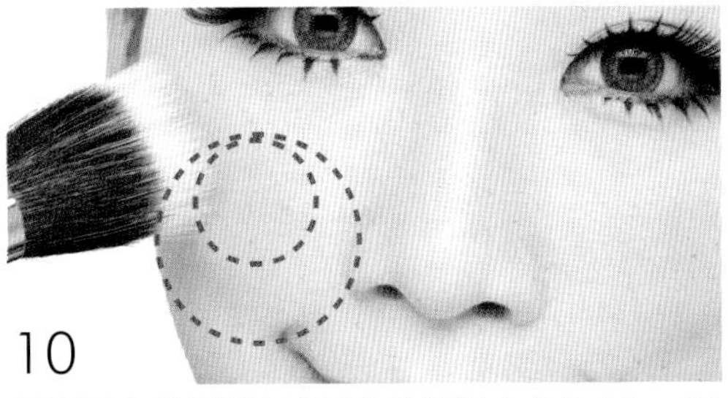

用刷子大范围刷上蜜桃色的腮红（产品6），要刷到外侧一点，先刷出大圈圈再加强在颧骨处刷上小圈圈。

11 涂上唇膏

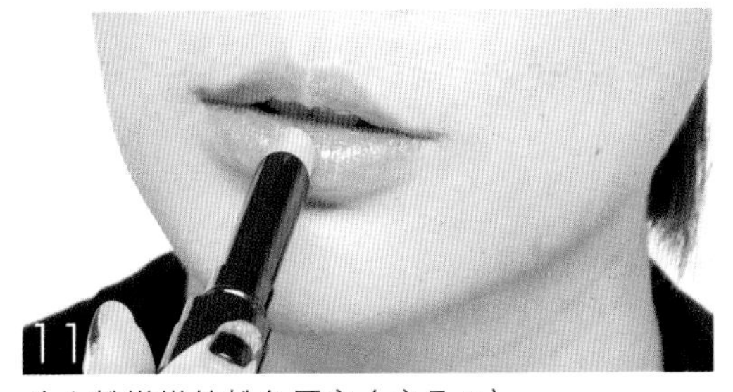

涂上粉嫩嫩的粉色唇膏（产品3）。

12 加强鼻影

鼻影的教学详见P27，画上鼻影之后，整个人是不是更像洋娃娃了呢！

咖啡色眼线妆⑤

散发轻熟女魅力的

日系性感眼妆

在众多彩妆品中可以变出多种妆感的，当数咖啡色眼影啦！想要拥有性感妩媚的眼神，并不是只能用黑色或灰色这种原本看起来就很性感神秘的颜色，咖啡色一样可以达到这种效果，而且还能让人看起来更容易接近哦！画上这种性感的眼妆，享受一下浪漫的邂逅吧！

使用产品

1. Dior 眼影 #754
2. KATE 黑色眼线笔
3. YSL 腮红 #Palette Pink Celebration
4. HR 睫毛膏
5. RMK 眼影 #02Iridescent Deep Red
6. RMK 眼影 #DK-01
7. YSL 唇膏 ROUGE VOLUPTE#19
8. Jumily 假睫毛 #NO.3
9. Dolly Wink 假下睫毛 #NO.5
10. 肤金色眼影笔（购于台隆手创馆）
11. 黛珂妆魔法蜜粉饼

Step by Step

1 画上眼影

将光泽感咖啡色眼影（产品 5，颜色 A）画在双眼皮内靠近睫毛处。

2 晕染眼影

用笔刷将眼影晕开，并在眼尾处加宽幅度。

3 加强眼影

在眼头处加上浅粉红眼影（产品 5，颜色 B）增加光泽感，画完后一样用刷子晕开，眼尾处要晕大一点。

4 画下眼影

由后往前画上咖啡色下眼影（产品 1，颜色 A）。

5 画上眼线

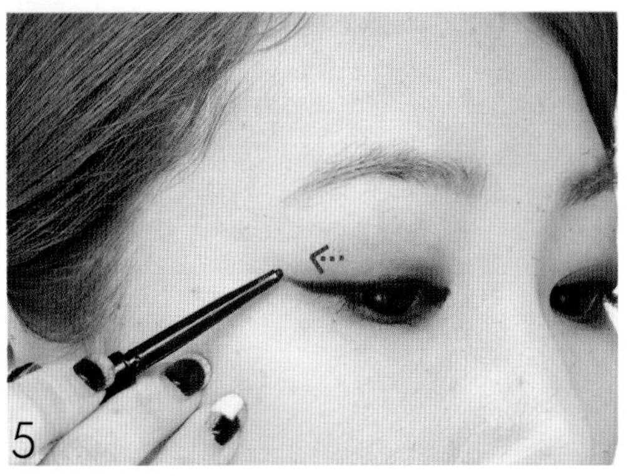

用黑色眼线笔（产品2）画出眼尾上扬的眼线。

6 加粗眼线

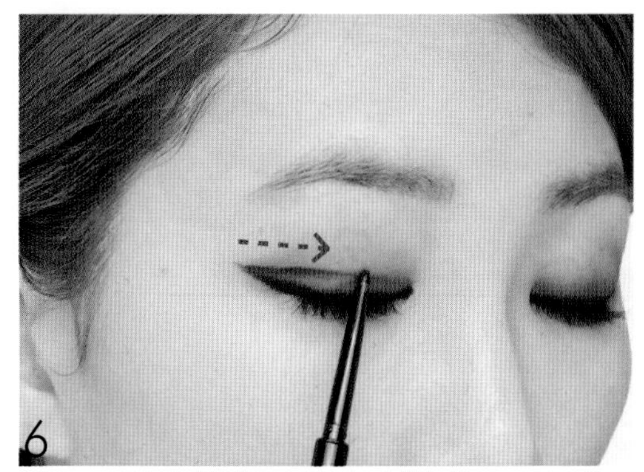

将上扬眼线末端由后往前平拉加粗。

7 晕染眼线

用笔刷沾取黑色眼影（产品6）从眼尾眼线处慢慢往前晕染。

8 画下眼线

用黑色眼线笔（产品2）画出下眼线，记得眼尾处的上下眼线要连接在一起。

9 刷上睫毛

刷上睫毛膏（产品4）。

10 戴假睫毛

戴上根根分明的假睫毛（产品8）。

11 戴下睫毛

戴下睫毛（产品 9），让眼睛充满电力。

12 制造鼻子立体感

用珠光蜜粉（产品 11）打亮山根，让鼻子更突出，五官更立体。如果鼻子太塌或是鼻头太大可以参考 P27“鼻影的基本画法”！

13 打亮眼头

用肤金色的眼影笔（产品 10）打亮眼头处。

14 刷上腮红

在眼下处刷上粉红色的腮红（产品 3）。

15 涂上唇膏

最后涂上粉红色的唇膏（产品 7）就完成了。

彩色眼妆

彩色眼妆总是让人跃跃欲试，却又隐隐却步……其实彩色眼妆可以很大胆，也能很低调！害羞的女孩们可以先从改变眼线的颜色开始，先选择蓝色、紫色等深色的眼线，再慢慢进阶到色彩缤纷的彩色眼影，不过，一定要使用两种以上的颜色搭配，才不会显得俗气喔！

彩色眼妆①

立即化身少女的 粉红甜心妆

粉红色通常大家不太敢把它画在眼皮上，因为怕眼睛看起来像红肿了似的！其实大家不用担心这个问题，因为将粉红色画在双眼皮褶内看起来并不会有红肿感，再加上咖啡色眼影和眼线的搭配，还有放大眼睛的效果呢！而且粉红色眼影会让你看起来更加青春可爱，瞬时减龄 10 岁。

使用产品

1. PAUL&JOE 左岸冰淇淋眼蜜 #02
2. innisfree 咖啡色眼线笔
3. 植村秀金银眼影
4. RMK 水舞光采盘（Eyes）#01
5. JILL STUART 深魅眼彩宝盒 #06
6. 妙巴黎女王驾到睫毛膏
7. JILL STUART 甜心爱恋颜彩盘 #13
8. Dior 瘾诱聚光唇彩 #664
9. DUP 假睫毛 #914

Step by Step

1 眼窝打底

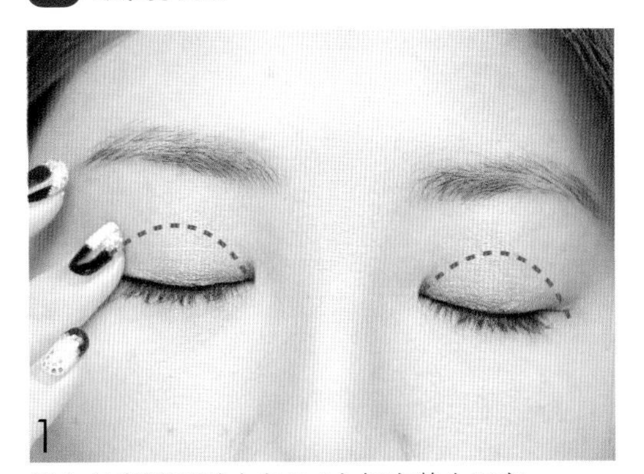

用白色光泽眼影（产品 1）打亮整个眼窝。

2 画上眼影

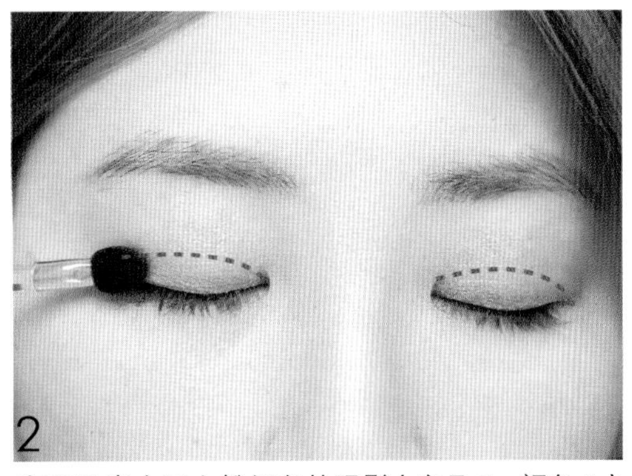

在双眼皮内画上粉红色的眼影（产品 5，颜色 A）。

3 拉长眼影

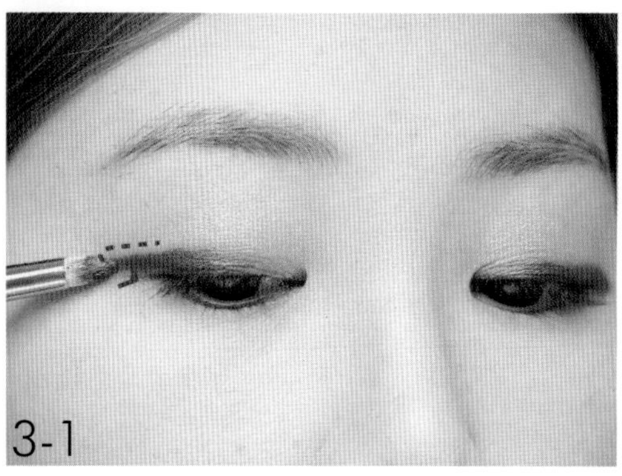

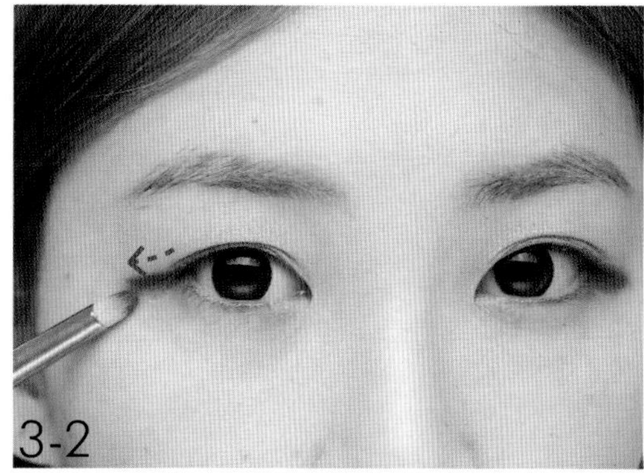

用咖啡色眼影在上眼尾处拉长并往下拉（产品 4，颜色 B）。

4 加强眼影

用咖啡色眼线笔（产品 2）加强步骤 3 中用咖啡色眼影画过的地方。

5 画下眼线

从后往前画咖啡色下眼线（产品 2），大概画到黑眼珠前端的位置。

6 刷上睫毛

刷上睫毛膏（产品 6）。

7 分段戴上假睫毛

将假睫毛（产品 9）剪成数小段。

7-2

将剪好的假睫毛分段戴上，粘贴的间隔约为 0.3 厘米，分段粘贴的效果会更自然！

8 加强卧蚕

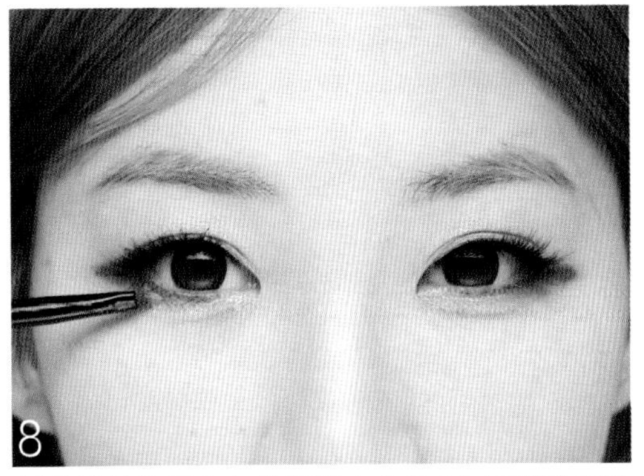

用笔刷沾取银白色的眼影（产品 3）加强卧蚕部分，加了卧蚕绝对会让你看起来更年轻可爱！

9 刷上腮红

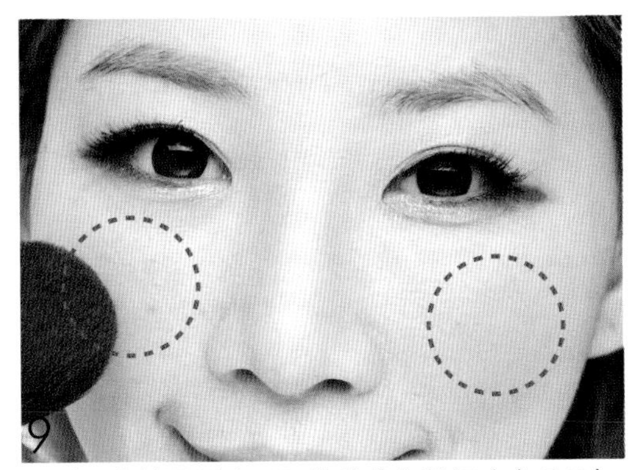

用刷子在笑肌刷上圆圆的草莓色腮红（产品 7）。

10 涂上唇蜜

最后涂上草莓色的唇蜜（产品 8）就完成了。

凡妮莎真心话！

虽然已步入年超三十、嫁为人妻的行列，离“可爱”这两个字也越来越远，但是并不代表我们只能把自己打扮得很成熟，偶尔画个比较清新、粉色系的妆感，反而可以让人眼前为之一亮！

彩色眼妆②

有如花精灵般的

梦幻紫色眼妆

提起紫色大家会想到什么呢？浪漫？优雅？神秘？……其实紫色是一种非常适合亚洲人的颜色，因为紫色会让黄种人的肤色看起来更明亮一些。这款妆容我将大家通常画得很成熟的紫色改成具有甜美感的眼妆，再加上浅粉色的唇膏，会像年轻女生一样可爱的哦。

使用产品

❶ 佳丽宝 COFFRFT D'OR 超广角立体眼盒 #01
❷ innisfree 粉肤色眼线笔
❸ Clio 珂莉奥炫彩防水眼线胶笔（闪耀紫）
❹ innisfree 白色眼线笔
❺ 妙巴黎 3 叉眼线液笔
❻ 恋爱魔镜睫毛膏
❼ MAC 唇膏 #Saint Germain
❽ too cool for school 腮红膏 #PINK
❾ 安东妮德美艳夺目变身睫毛（中间浓密款）

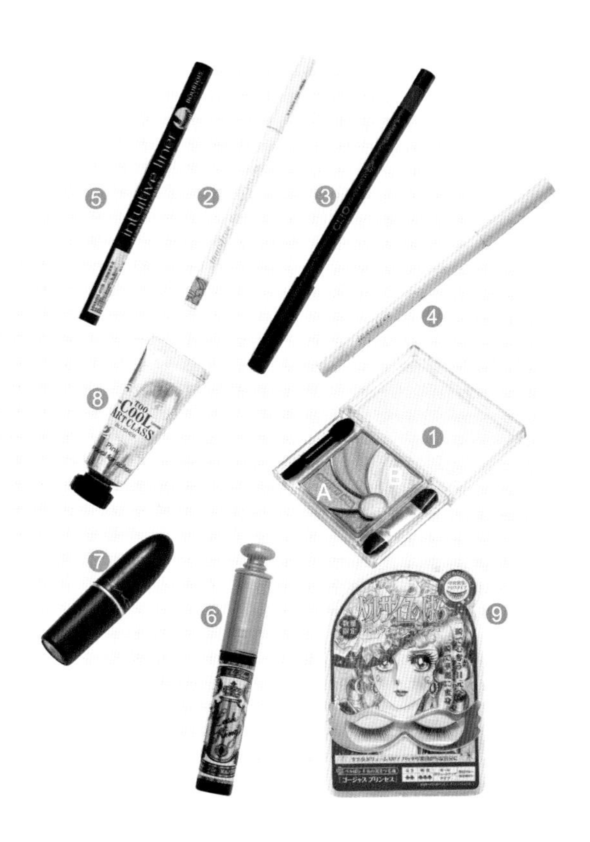

Step by Step

1 眼窝打底

用浅紫色眼影（产品 1，颜色 A）涂满整个眼窝。

2 制造渐层

用更浅的紫色眼影（产品 1，颜色 B）画在眼头的前段，制造出渐层感。

3 画内眼线

用黑色三叉眼线笔（产品 5）画上内眼线。

4 刷上睫毛

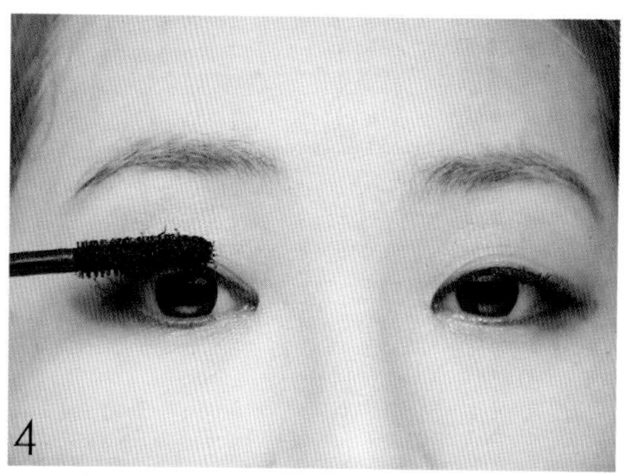

刷上睫毛膏（产品 6）。

5 画上眼线

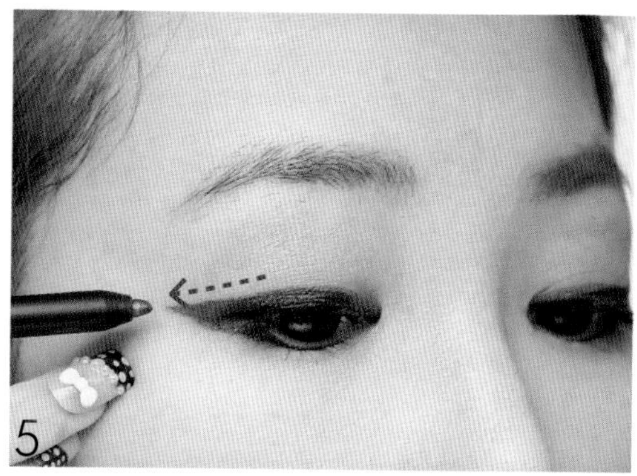

用紫色眼线笔（产品 3）画出一条粗粗的眼线，要延伸出眼尾并且上扬。

6 画下眼线

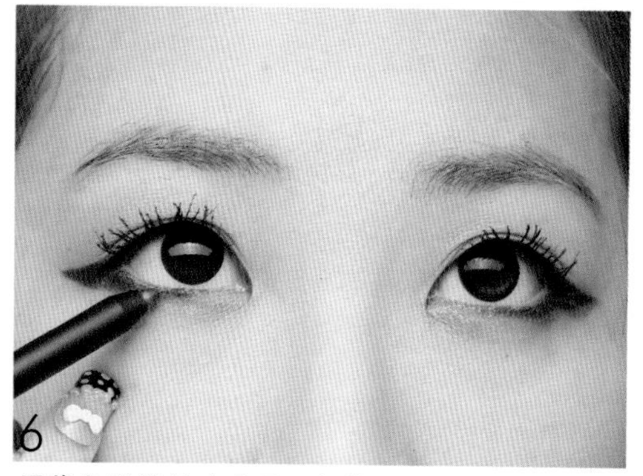

用紫色眼线笔（产品 3）从眼尾开始画下眼线，上下眼线要连接在一起，画到黑眼珠的正下方。

7 打亮眼头

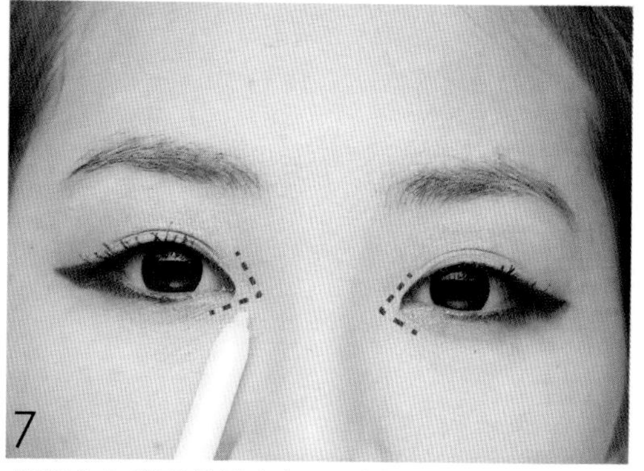

用银白色的眼线笔（产品 4）打亮眼头“く”形处。

8 戴假睫毛

戴上中间局部浓密的假睫毛（产品9）。

9 刷下睫毛

用睫毛膏（产品6）刷下睫毛，刷完后用镊子将下睫毛夹成一撮一撮的。

10 涂上腮红

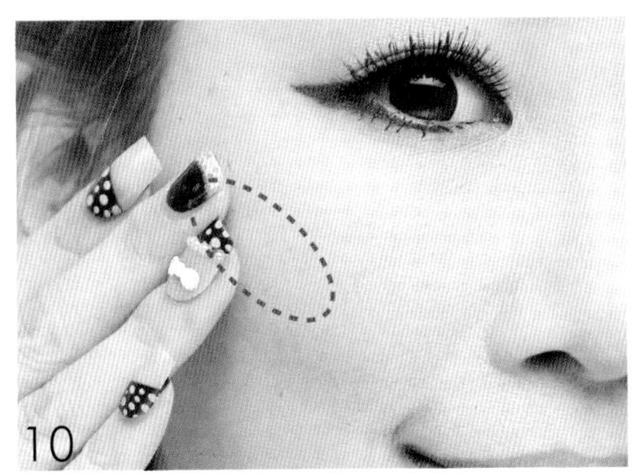

用手指沾取粉红腮红膏（产品8）涂抹在脸颊两侧。

11 涂上唇膏

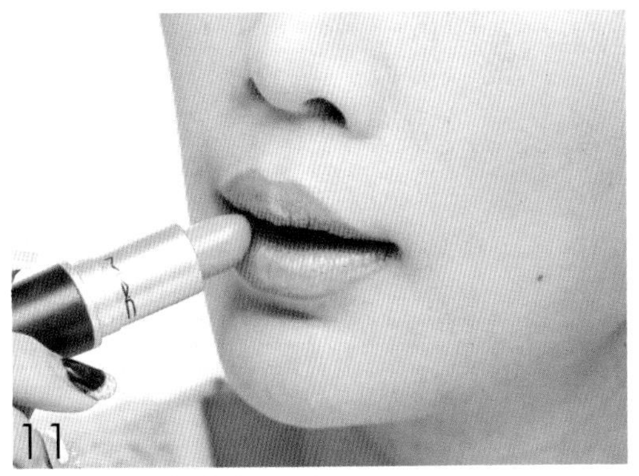

涂上粉色唇膏（产品7）。

12 加强唇峰

再用粉肤色眼线笔（产品2）描绘唇峰就完成了。

凡妮莎小叮咛

步骤12里用粉肤色眼线笔描绘唇峰，可以让嘴唇翘翘的很可爱，想要拥有翘嘴唇，不必打玻尿酸，把这一招学起来就OK啦！

彩色眼妆③

复古味十足的

神秘蓝色眼妆

由于本人是个复古控！除了平常很爱收藏古董衣和古董饰品之外，我也很爱复古的妆容！这款常见的复古眼线，只是把黑色换成蓝色，再在眼皮上增添一点闪亮度，就增添了很多时尚感哦！蓝色特有的神秘冷色调更能凸显复古眼线的特别。在这款妆容里，我想要更凸显眼线的颜色，所以将腮红省略，想要同时拥有复古又时尚的你，不妨试试这款眼妆哦！

使用产品

❶ PAUL&JOE 左岸冰淇淋眼蜜 #02
❷ too cool for school 蓝色眼线胶
❸ NARS 白色眼线笔
❹ MARCELLE 蓝色眼线液
❺ RMK 眼影 #BR-01 Dark Brown
❻ LANCOME 睫毛膏
❼ MAC 唇膏 #Nude Scene
❽ ETUDE HOUSE 好亲香～完美唇色修饰膏
❾ TAKAKO 假睫毛 #NO.13

Step by Step

1 眼窝打底

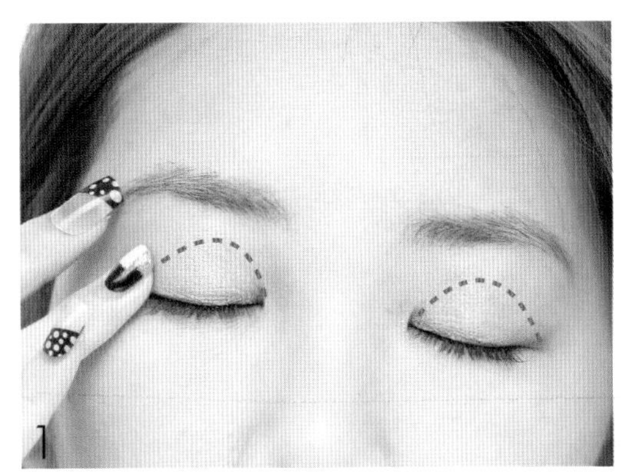

用指腹沾取银白色眼影（产品 1），涂满整个上眼皮，进行打底。

2 画上眼线

用蓝色眼线胶（产品 2）画出一条线条较粗、眼尾上扬的复古眼线，可以用硬纸片来辅助画眼尾！

3 加强眼线

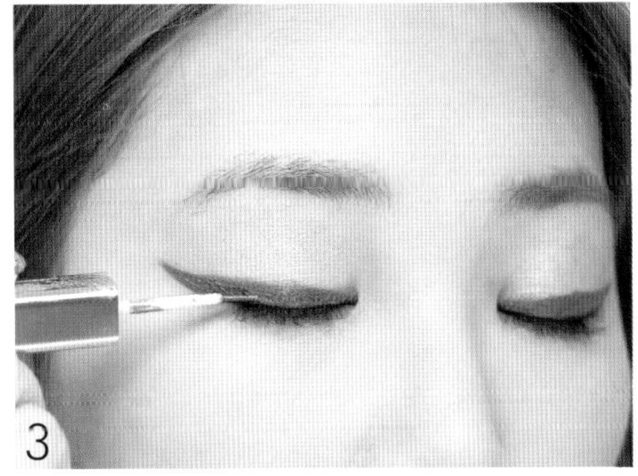

用闪亮的蓝色眼线液（产品 4）重复画在画过眼线的地方，让蓝色眼线呈现更闪耀抢眼的光泽。

4 刷上睫毛

刷上浓密的睫毛膏（产品 6）。

5 戴假睫毛

戴上眼尾加长款的假睫毛（产品9）。

6 画下内眼线

下眼睑用白色眼线笔（产品3）画上内眼线，增加妆容的干净度。

7 画下眼影

用咖啡色眼影（产品5）画在下眼尾处，起到加强眼神的作用。

8 画上裸唇

用唇色修饰膏（产品8）遮盖住原本的唇色。

再涂上裸色唇膏（产品7），呈现出完美裸唇！

凡妮莎小叮咛

在步骤2画眼线时，用硬纸片来辅助对齐，可以避免画出左右高低不同的眼线，提高化妆的成功率！

彩色眼妆④

大胆绽放个性的

桃红色抢眼妆

这款妆容可以算是本书里我最喜爱的一款了！除了桃红色眼影很特别之外，韩味十足的眼线也为此款眼妆加分不少。加上这款妆容和我的个性很合，让人看起来有点距离感，还有点与众不同的味道。这款妆我没画腮红，主要是为了看起来不要带有任何一丝甜美感！和凡妮莎一样总想要与众不同的美女们，马上到 make up forever 买个夸张颜色的眼影膏吧！

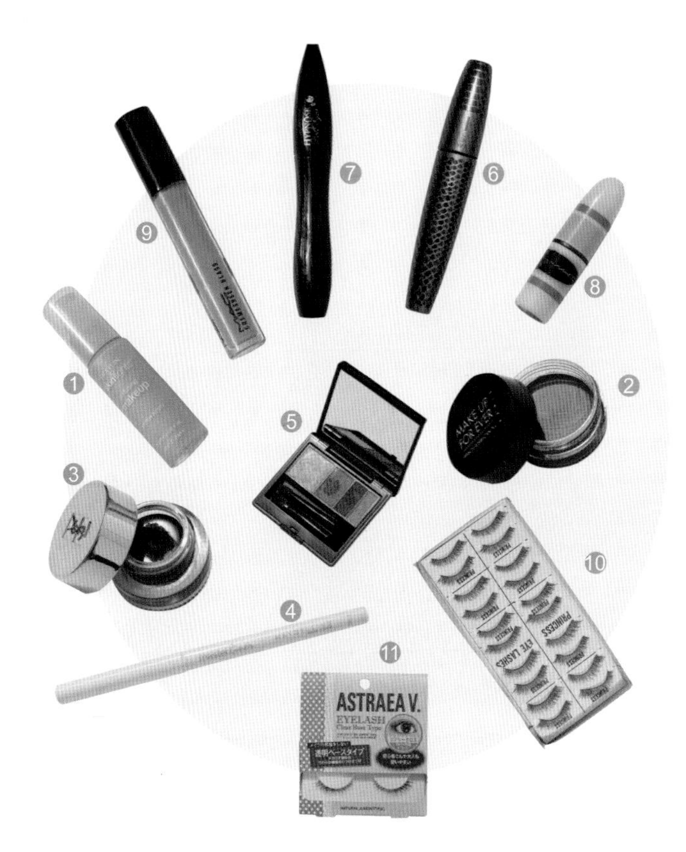

使用产品

❶ REVLON 粉底液 #01
❷ MAKE UP FOREVER 桃红色眼影膏
❸ YSL 黑色眼线胶
❹ MAYBELLINE 眼线笔 #WH-1
❺ 肌肤之钥眼影
❻ HR 睫毛膏
❼ LANCOME 睫毛膏
❽ JMAC 唇膏 #NATURALLY ECCENTRIC
❾ MAC 唇蜜 #PURE MAGNIFICENCE
❿ 公主李交叉 7 假睫毛
⓫ 黛珂妆魔法蜜粉饼

Step by Step

1 眼窝打底

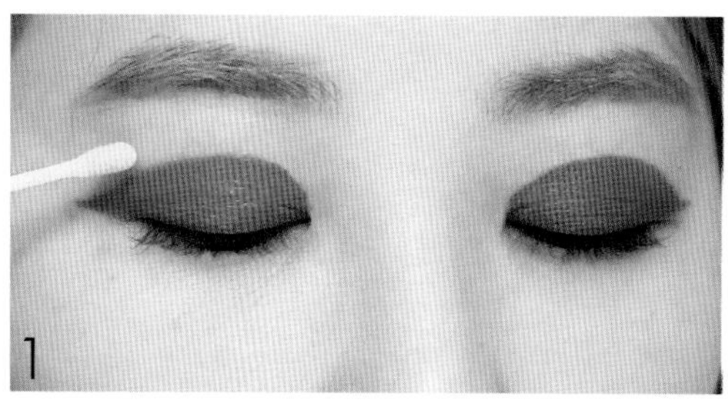

先用桃红色眼影膏（产品 2）涂满整个眼窝，再用棉花棒沾上粉底液（产品 1）修整出完美的半圆形弧度。

2 画上眼线

用黑色眼线胶（产品 3）画一条粗一点的眼线，尾部要平拉。

3 刷上睫毛

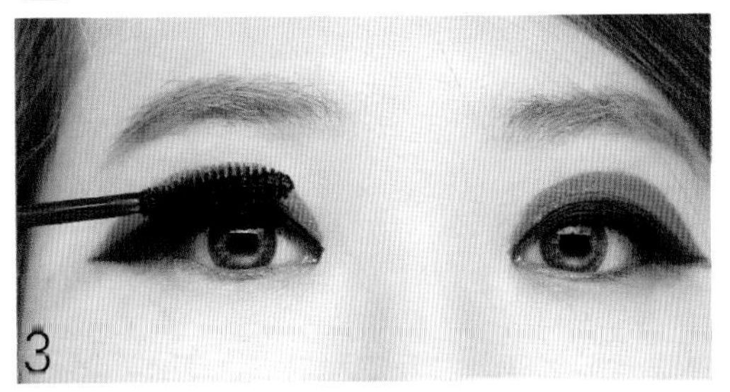

刷上浓密睫毛膏（产品 6）。

4 戴假睫毛

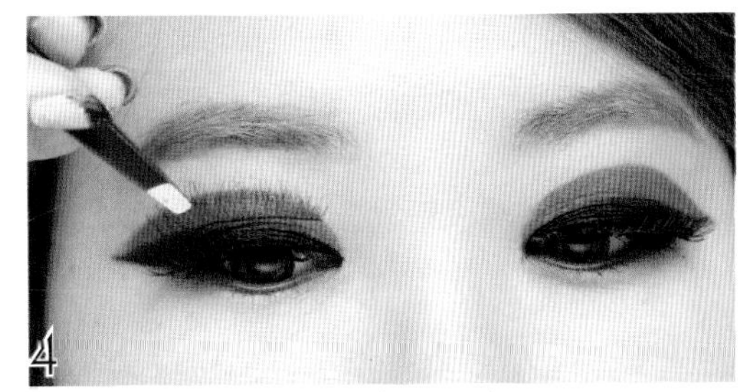

戴上浓密型的假睫毛（产品 10）。

5 画下眼影

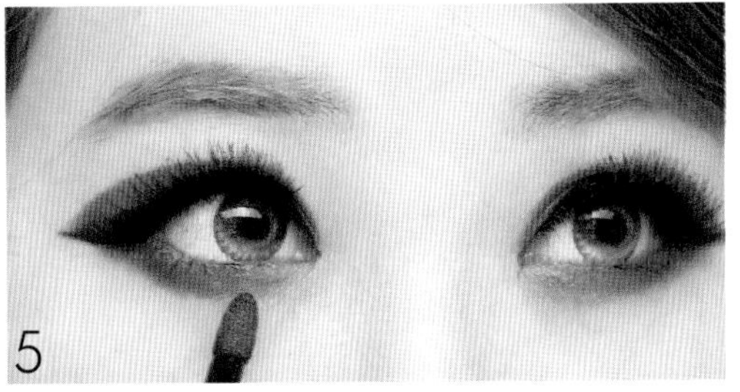

下眼影使用深咖啡眼影（产品 5）由后往前画，约画到 2/3 的长度即可。

6 打亮眼头

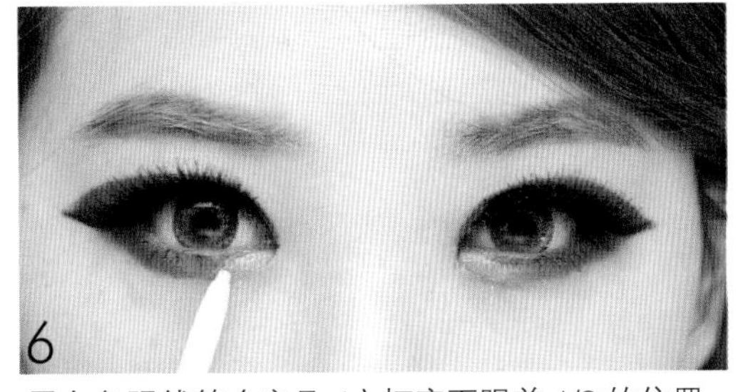

用白色眼线笔（产品 4）打亮下眼前 1/3 的位置。

7 刷下睫毛

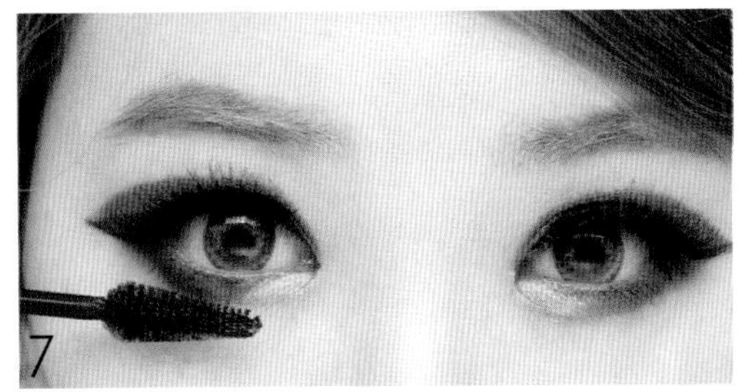

下睫毛也刷上浓密睫毛膏（产品 7）。

8 戴下假睫毛

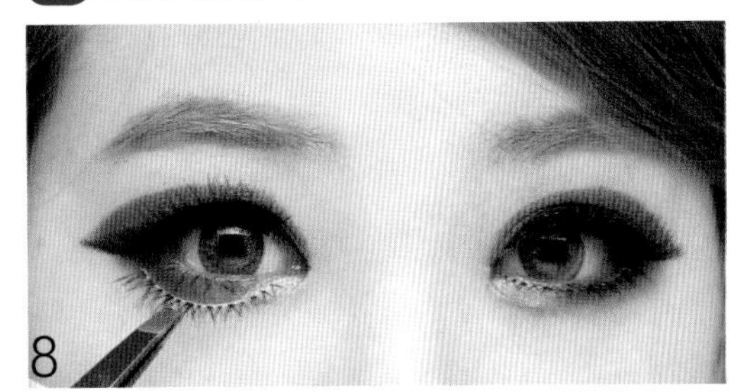

下睫毛戴上整副假睫毛（产品 11），让睫毛更浓密好看。

9 涂上唇膏

涂上白粉色的唇膏（产品 8）。

10 涂上唇蜜

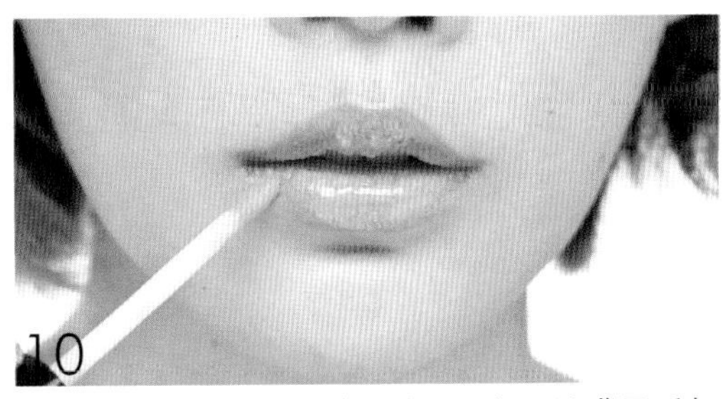

在唇膏外加上一层唇蜜（产品 9），让嘴唇看起来更水嫩光泽。

彩色眼妆⑤

鲜明活泼的

橘配绿眼妆

曾几何时橘色变成了彩妆中非常流行的颜色，很多彩妆品牌都出现了橘色的商品，不管是腮红、唇膏还是眼影，这款在中古世纪被称为恶魔的颜色，最近竟然整个咸鱼大翻身了！因为橘色正当红，我就设计了这款以橘色配色的眼妆，看起来是不是超级清新又有种俏皮的感觉呢?

使用产品

1. MAC 绿色眼线笔
2. Dolly Wink 眼影 #03
3. KATE 黑色眼线笔
4. YSL 绿色眼线液
5. 植村秀橘色腮红
6. CHANEL 金色眼影膏
7. LISE WATIER 银白色眼线液 #210
8. HR 睫毛膏
9. MAC 橘色唇蜜
10. Beauty World 假睫毛 #985

Step by Step

1 眼窝打底

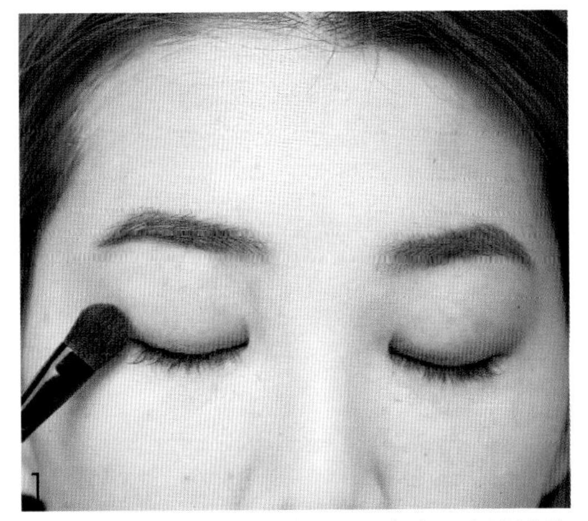

用刷子沾取橘色眼影（产品 2，颜色 A）涂满整个眼窝。

2 画内眼线

用黑色眼线笔（产品 3）画上内眼线，画时用另一只手轻轻将眼皮上提，会比较容易画。

3 画上眼线

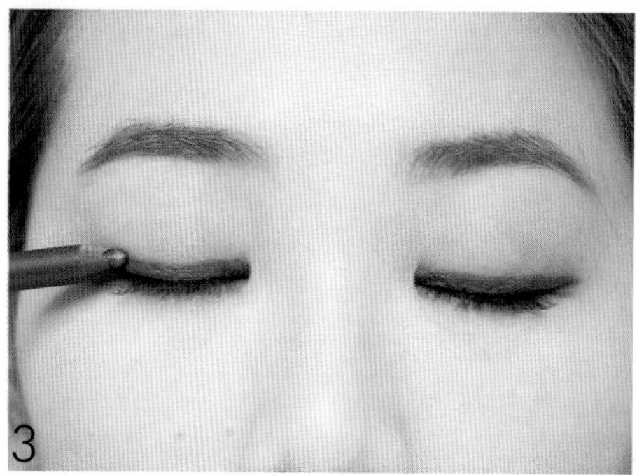

用绿色眼线笔（产品 1）画一条粗粗的绿色眼线。

4 加强眼线

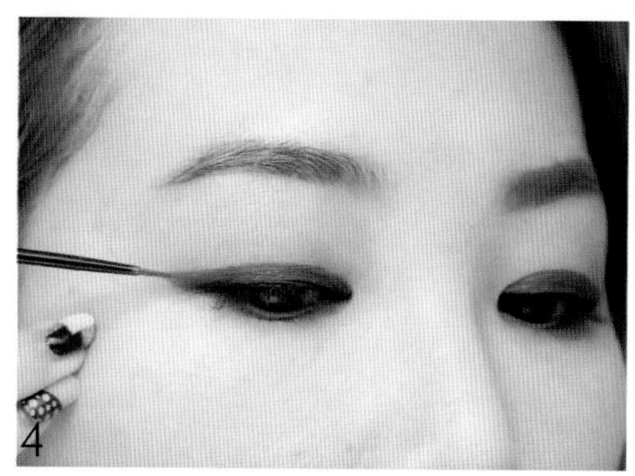

用绿色眼线液（产品 4）重复画在眼线位置来加强显色。

5 刷上睫毛

刷上浓密的睫毛膏（产品 8）。

6 戴假睫毛

戴上自然款的假睫毛（产品 10）。

7 加强眼影

用手指沾取金色眼影膏（产品 6）涂抹在上眼皮中央，让橘色眼影闪烁出金色光泽。

8 画下眼线

下眼睑用黑色眼线笔（产品 3）由后往前画，画下眼线时要画得前细后粗。

9 刷下睫毛

下睫毛用直立式的刷法刷上睫毛膏（产品8）。

10 画下眼线

用银白色珠光眼线液（产品7）画在下眼睑处。

11 涂上唇蜜

涂上颜色鲜艳饱和的橘色唇蜜（产品9）。

12 刷上腮红

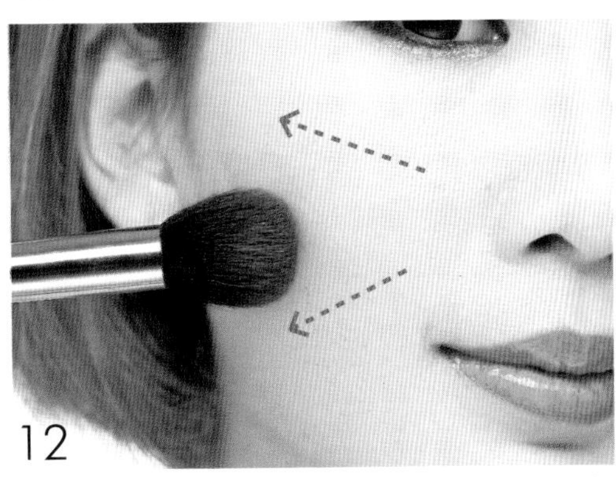

用腮红刷分别往斜上及斜下的方向，刷上带有光泽感的橘色腮红（产品5）。

凡妮莎小叮咛

橘色配绿色是不是很搭呢？凡妮莎还用橘色搭配蓝绿色眼影，完成了充满异国风味的波希米亚妆，让我们一起大胆玩色吧！

派对妆

无论是朋友生日 party、结婚 party，还是圣诞跨年 party，千万不要错过每次 party 装扮自己的机会！

凡妮莎是一个超级喜爱亮晶晶的人，所以衣服要闪亮，妆容也要闪亮！派对妆的要点，就是让自己闪亮！想画派对妆，就先从闪闪发亮的亮粉开始吧！

派对妆①

怦然心动的 白色圣诞妆

这款白色的妆容是为圣诞节准备的，白色圣诞怎么看都是个恋爱的好时机啊，单身的女孩儿在这天一定要画上水水亮亮的眼妆，再加上甜美到极点的粉嫩腮红，不管是白天或黑夜，让人看了都心花怒放啊！

使用产品

1. 银色亮粉
2. BECCA 眼影盘 #Avalon Palette
3. KATE 黑色眼线笔
4. KATE 咖啡色眼线笔
5. innisfree 白色眼线笔
6. 植村秀金银眼影
7. elile 黑色眼线液
8. ETUDE HOUSE 银白色眼线液
9. LANCOME 睫毛膏
10. ETUDE HOUSE 腮红
11. RMK 珠光粉色腮红
12. MAC 唇膏
13. SHIEIDO 透明唇蜜
14. Dolly Wink 假睫毛 #10
15. Dolly Wink 假睫毛 #NO.8
16. DUP 睫毛胶

Step by Step

1 亮粉打底

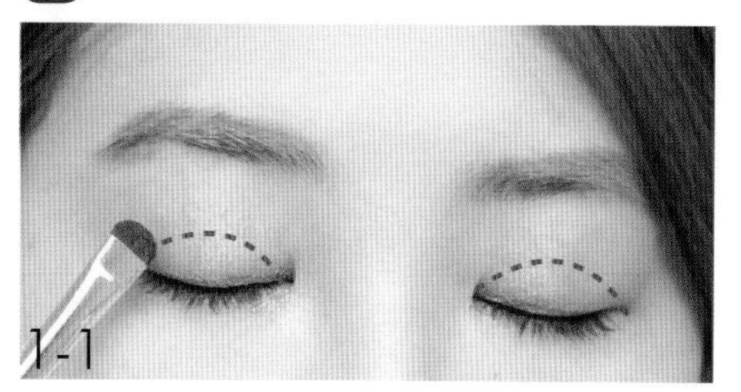

用银色亮粉眼影（产品 6）涂满整个眼窝。

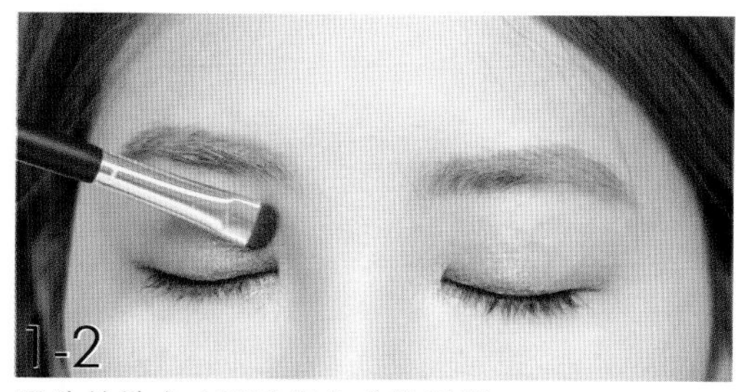

眼头的地方也要涂银色亮粉眼影。

2 眼窝上色

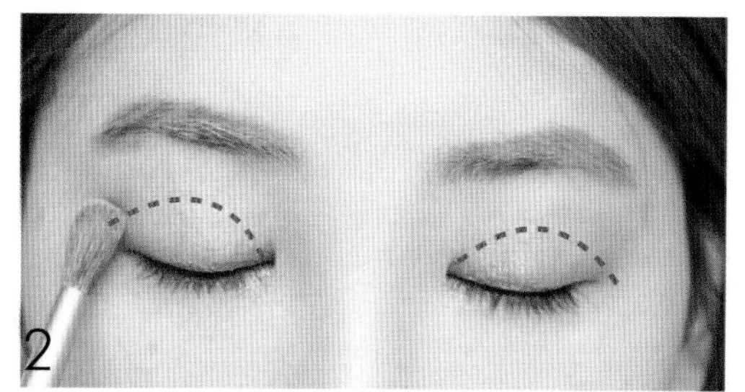

在眼窝处刷上雾面的咖啡色眼影（产品 2）。

3 画内眼线

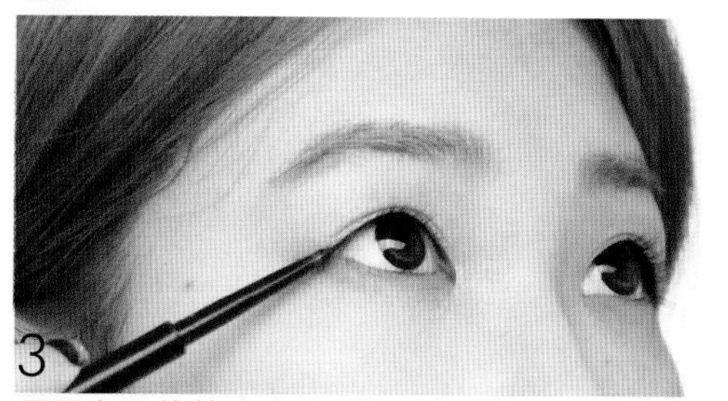

用黑色眼线笔（产品 3）画内眼线，要记得填满睫毛的空隙喔！

4 画上眼线

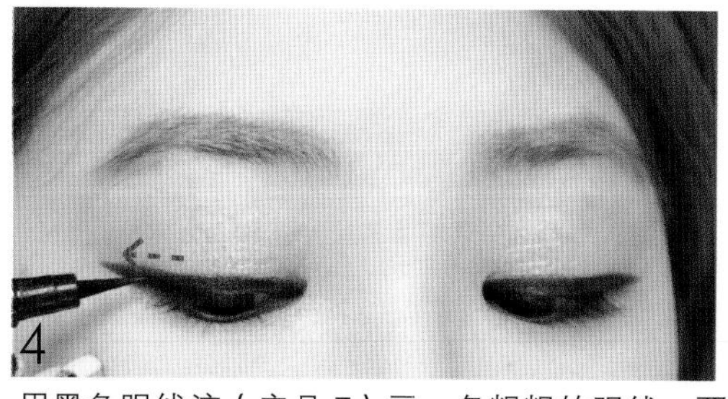

用黑色眼线液（产品 7）画一条粗粗的眼线，要平拉画超出眼尾喔！

5 加强眼影

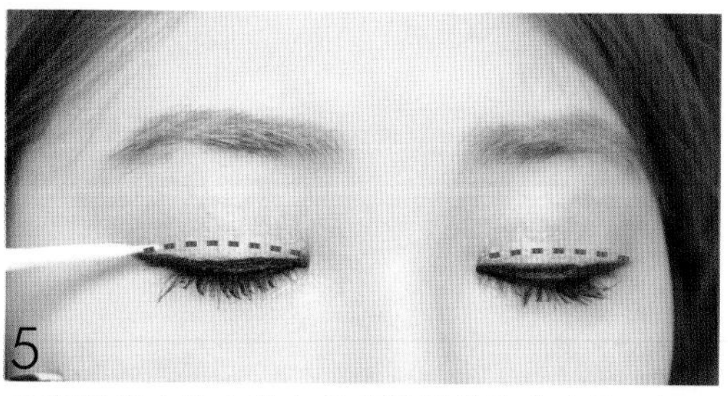

在双眼皮内涂上银白色亮粉眼线液（产品 8），涂完要稍微等一下，让眼线液干了之后才能继续往下画喔！

6 画下眼线

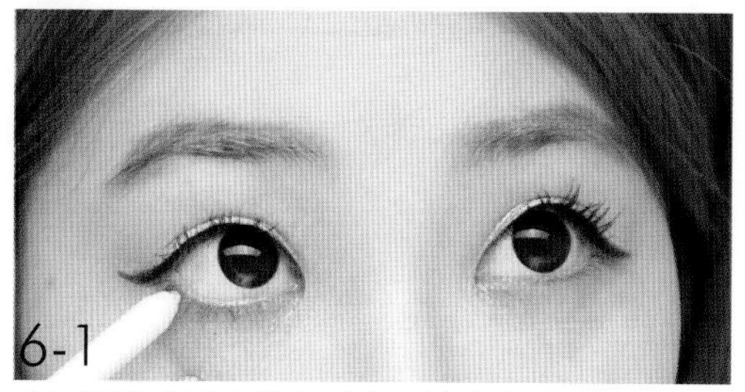

在下眼睑内画上浅色珠光眼线（产品 5）。

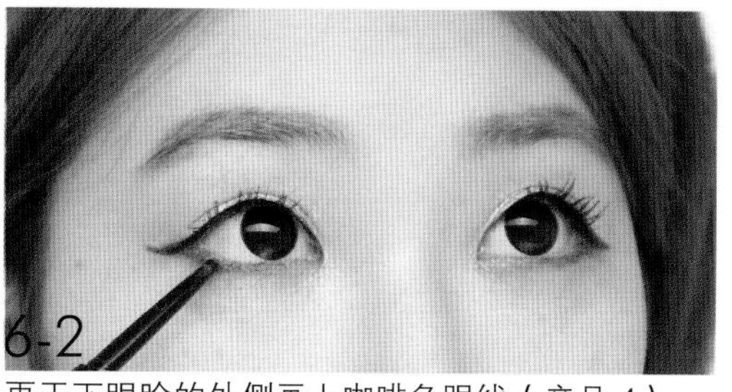

再于下眼睑的外侧画上咖啡色眼线（产品 4）。

7 戴假睫毛

先刷上一层睫毛膏（产品 9），再戴上浓密型的假睫毛（产品 14）。

8 戴下假睫毛

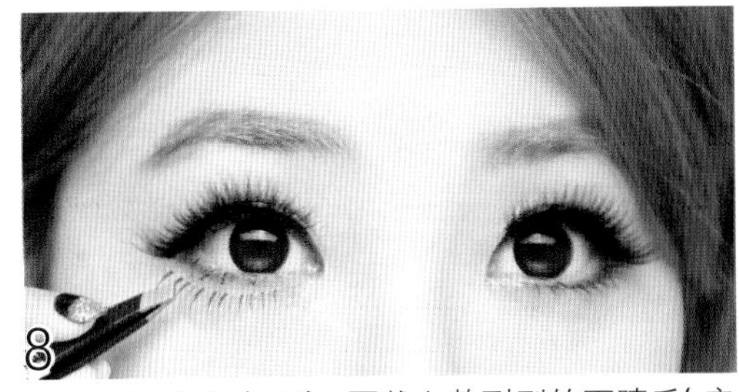

先刷上淡淡的睫毛膏，再戴上整副型的下睫毛（产品 15），制造出大眼效果。

9 粘上亮粉

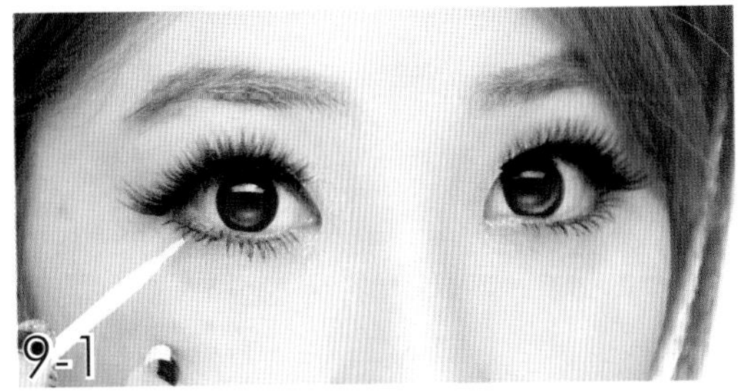

在下眼皮上用睫毛胶（产品 16）分别点五个点。

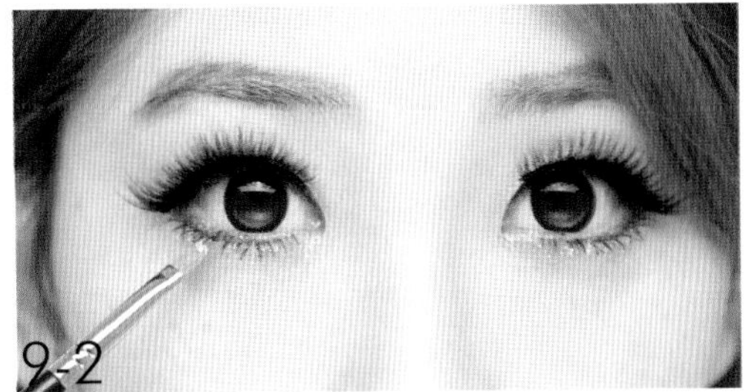

再用刷子沾取银色亮粉（产品 1）涂在刚才点好的睫毛胶上。

10 刷上腮红

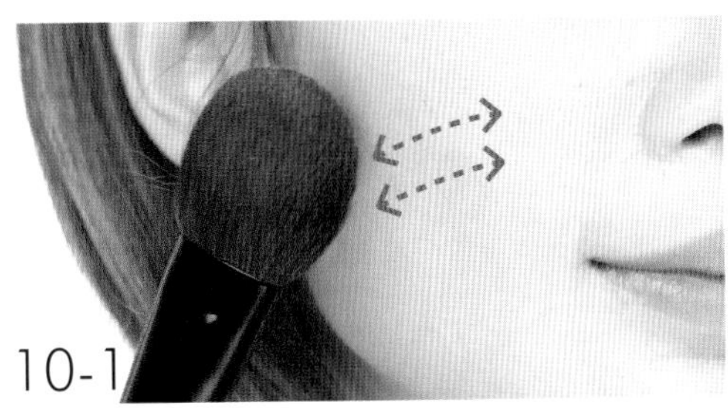

用粉色腮红（产品 10）大范围地在外侧刷上。

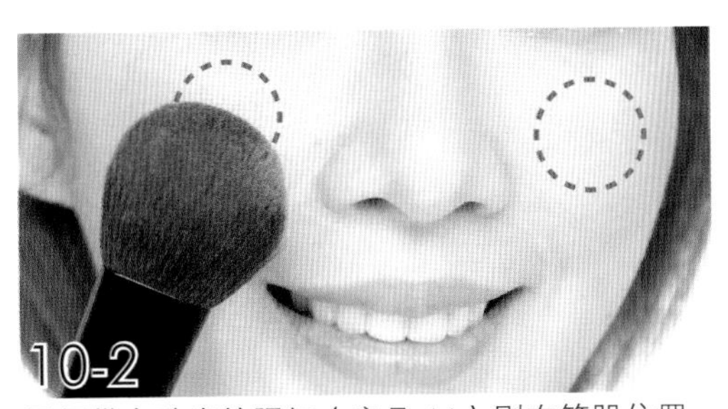

再用带有珠光的腮红（产品 11）刷在笑肌位置。

11 涂上唇膏与唇蜜

涂上芭比粉色的唇膏（产品 12）。

再涂上一层透明闪亮的唇蜜（产品 13）就完成了。

派对妆②

喜气洋洋的

金色好运妆

这款妆有种恭喜发财的感觉，我本人想要在过新年的时候画啦！又金又红的，多喜气洋洋啊！这款妆用到了超可爱的金箔，我将它粘在眼皮中央，眨眼的时候就会一闪一闪的，真的是非常讨喜啊！

使用产品

1. SHISEIDO 金色眼影膏 #GD803
2. MAC 金色眼影粉
3. MAC 金色眼线笔
4. BECCA 咖啡色眼影膏
5. KATE 黑色眼线笔
6. HR 睫毛膏
7. 金箔
8. PAUL&JOE 唇蜜 #002
9. MAC 腮红 #LAUNCH AWAY!
10. NYX 假睫毛 #EL129
11. DUP 睫毛胶

Step by Step

1 画上眼线

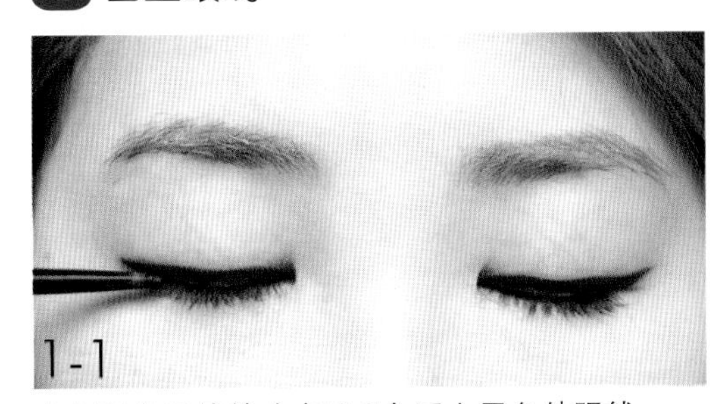

先用黑色眼线笔（产品5）画上黑色外眼线。

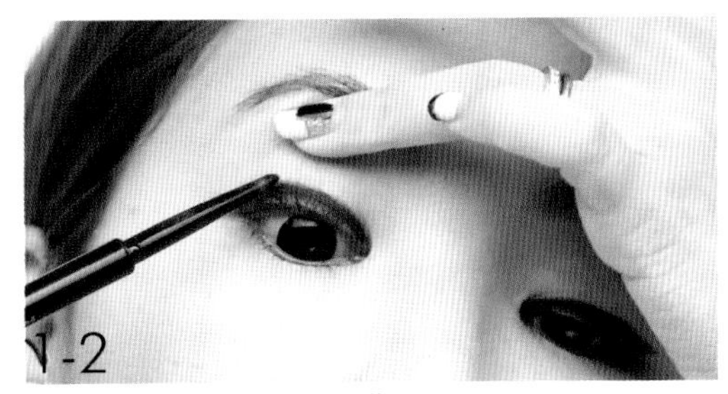

眼线内的空隙处都要涂满。

2 画上眼影

在双眼皮内涂上金色的眼影膏（产品1）。

3 加强眼影

涂上一层金色的眼影粉（产品 2）。

4 画眼尾眼影

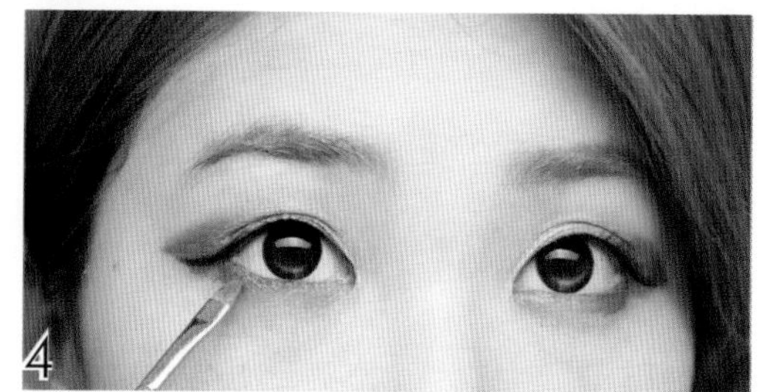

在上、下眼尾后 2/3 的位置画上咖啡色眼影膏（产品 4）。

5 画下眼线

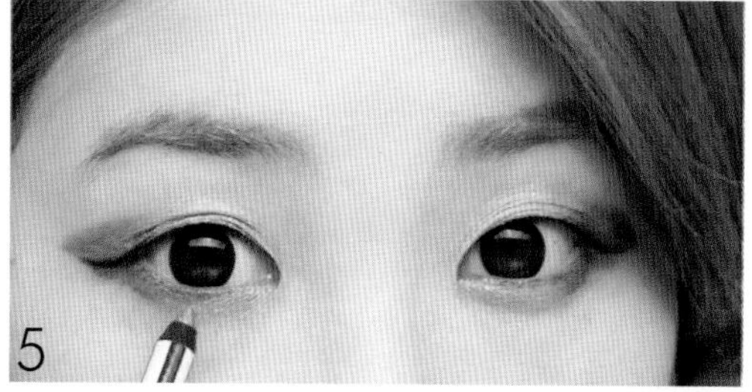

用金色眼线笔（产品 3）画下眼线的前 1/3 处。

6 戴假睫毛

刷上睫毛膏（产品 6）后，再戴上浓密尖尾的假睫毛（产品 10）。

7 粘上金箔

在眼皮中央粘上金箔（产品 7）。

8 刷下睫毛

用睫毛膏（产品 6）刷下睫毛。

9 刷上腮红

用小一点的腮红刷在眼下的位置，小范围地刷上蜜桃色腮红（产品 9）。

10 涂上唇蜜

最后用手指涂上红色的唇蜜（产品 8）就完成了。

派对妆③

高贵奢华的

华丽银色妆

参加party怎么可以没有银色，我们印象中会发光的东西很多都是银色。一般来说，银色比金色显得年轻，是大多数人都能接受的颜色。这款妆用到大家都能轻易买到的亮粉，只要利用睫毛胶，就可以让亮粉呈现出任何你喜欢的线条，是不是很棒呢！

使用产品

① ARDELL 时尚假睫毛
② DUP 睫毛胶
③ 银色亮粉
④ YSL 黑色眼线胶
⑤ 肌肤之钥眼影
⑥ 恋爱魔镜睫毛膏
⑦ MAKE UP FOREVER 光感塑型亮颜露 #31
⑧ SK-Ⅱ唇膏 #212
⑨ REVLON 粉底液 #01

Step by Step

1 眼窝打底

用手指沾取浅咖啡色眼影（产品5，颜色A）涂满整个眼窝。

2 画上粗眼线

用眼线胶（产品4）画出极粗的线条，眼头和眼尾要画超出眼睛的范围。

3 修饰眼线

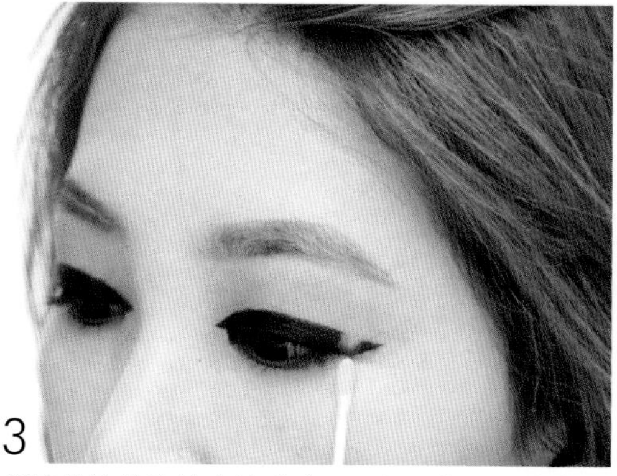

用棉花棒沾取粉底液（产品9），将眼尾修饰成平平的眼线。

4 画下眼线

用黑色眼线胶（产品 4）画出下眼线的线条，记得眼线的头尾都不要连到一起。

5 戴上假睫毛

刷上睫毛膏（产品 6）后，再戴上粘有水钻的假睫毛（产品 1）。

6 涂上睫毛胶

在双眼皮褶痕处涂上睫毛胶（产品 2）。

7 涂上亮粉

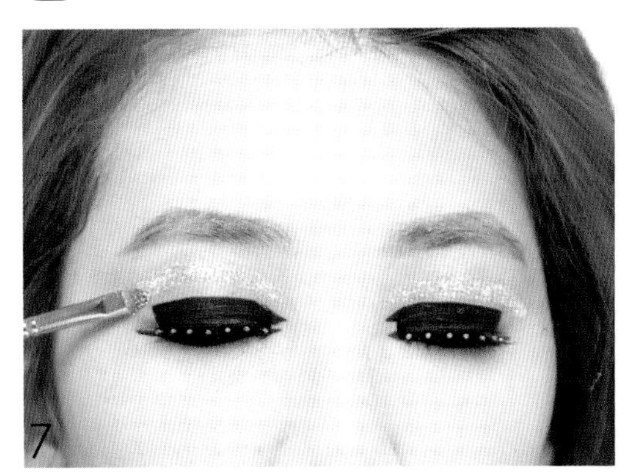

用小刷子沾取银色亮粉（产品 3）画在涂有睫毛胶的地方。

8 涂上唇膏

涂上微微润红的唇膏（产品 8）。

9 刷上腮红

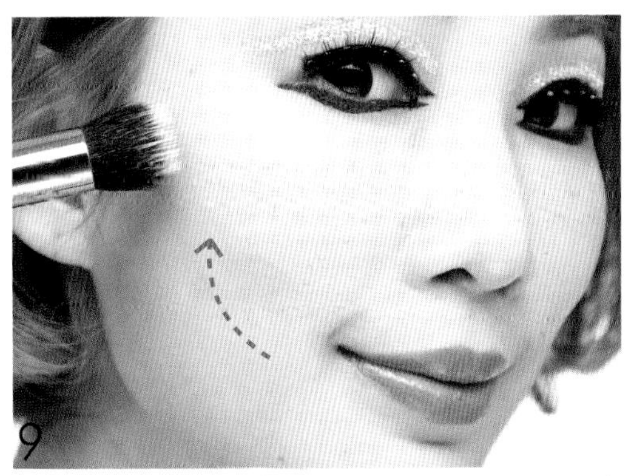

用刷子在颧骨刷上有光泽感的腮红（产品 7）就完成了。

派对妆④

狂野性感的

猎艳豹纹妆

豹纹可说是动物纹的一姐，无时无刻都会出现在我们的日常生活中！这个眼妆的颜色就是用了豹纹中所出现的颜色，想说如果哪天要办豹纹 Party 的时候，就可以画上这个眼妆喽。而且加了长眼线的豹纹眼妆，竟然又变成了我最爱的复古风了！加上头巾是不是还有种 80 年代的感觉呢?

使用产品

1. MAKE UP FOR EVER 金色亮彩粉霜
2. KATE 黑色眼线笔
3. Clio 珂莉奥炫彩防水眼线胶笔（米）
4. YSL 黑色眼线胶
5. RMK 水舞光采盘（Eyes）#01
6. MAC 眼影 #GILT BY ASSOCIATION
7. LANCOME 睫毛膏
8. 倩碧腮红 #01 black honey
9. SKII 唇膏 #321
10. COVERGIRL 唇膏 #840
11. KOJI 假睫毛 #05

Step by Step

1 眼窝打底

用指腹沾取金色眼影粉（产品 1），涂抹在眼窝半圆形上，眼头也要涂抹到。

2 画内眼线

用黑色眼线笔（产品 2）画上内眼线。

3 画上扬眼线

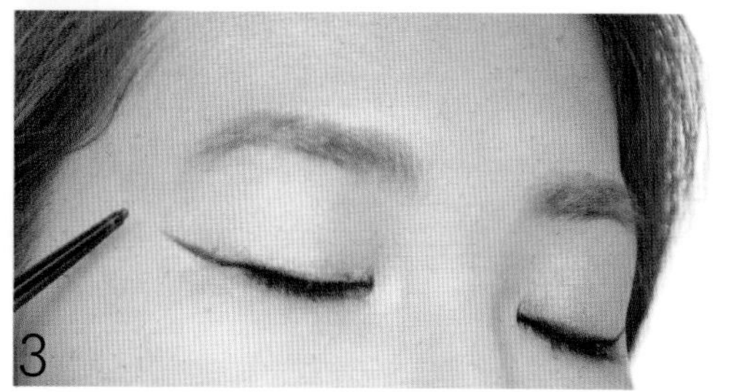

用黑色眼线笔（产品2）描绘出一条上扬的眼线，要画到眉毛尾巴的下方。

4 勾勒眼线框

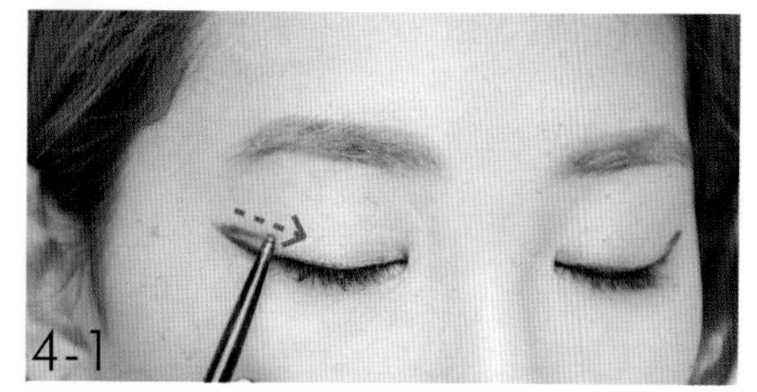

将眼尾上扬的眼线往前画。

4-2

一直将眼线画至与眼头连接。

5 填满眼线框

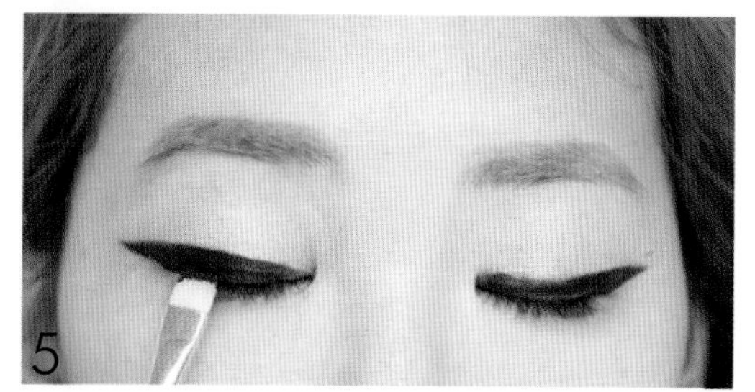

用黑色眼线胶（产品4）填满描绘出来的眼线框。

6 画下眼线

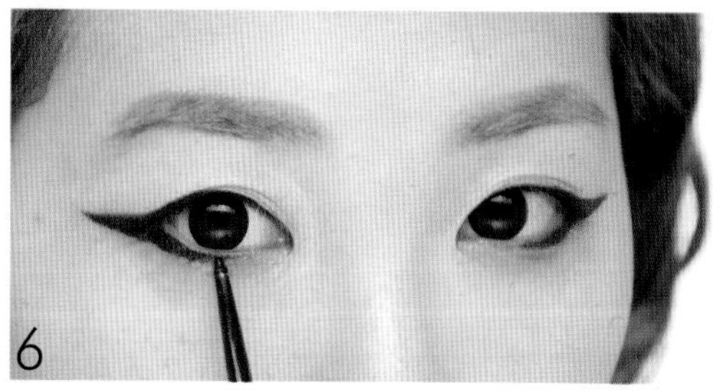

用黑色眼线笔（产品2）由后往前画下眼线，画到黑眼珠正下方，尾端的上下眼线要连接起来。

7 画上眼影

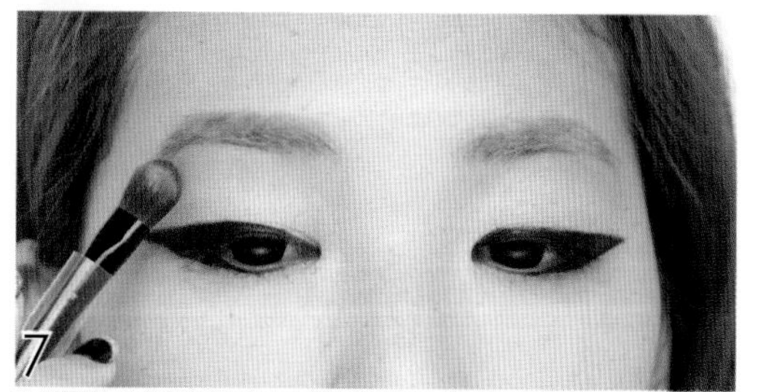

在眉毛下方画上橘色眼影（产品5，颜色A）。

8 加强眼影

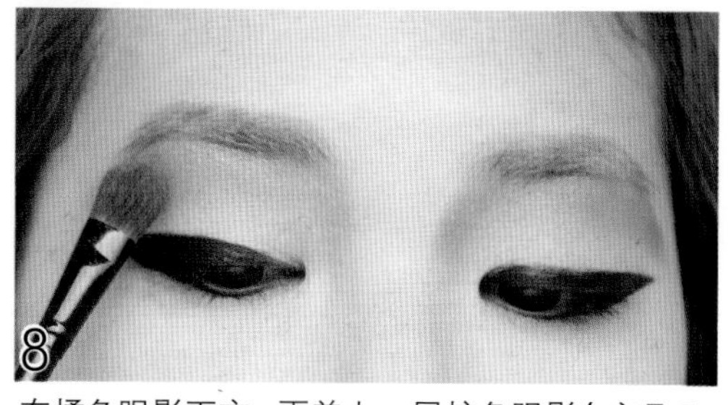

在橘色眼影下方，再盖上一层棕色眼影（产品5，颜色B），制造眼影的渐层感，让眼影看起来呈偏橘的棕色。

9 刷上睫毛

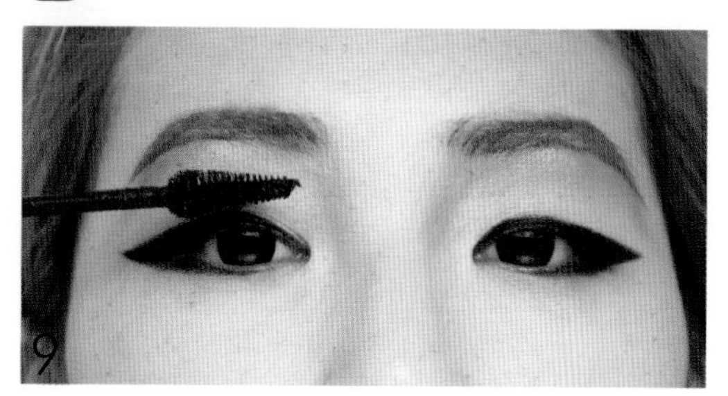

刷上睫毛膏（产品7）。

10 戴假睫毛

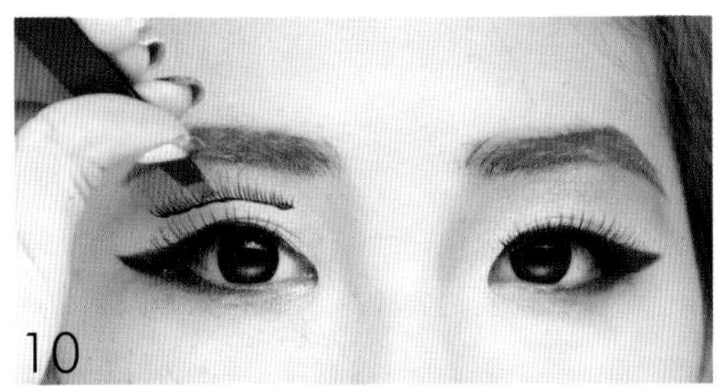

戴上根根分明的假睫毛（产品 11）。

11 画下眼影

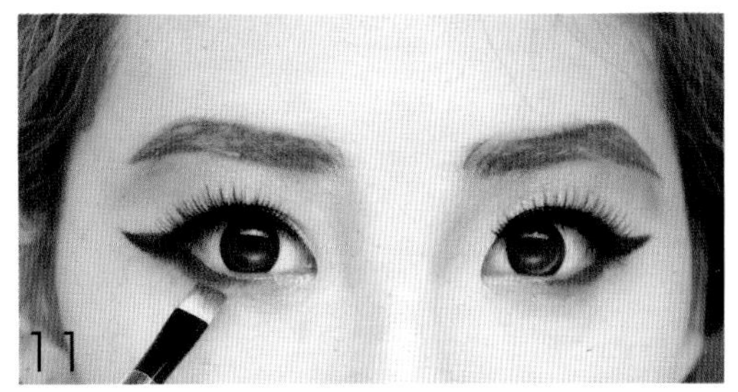

用笔刷沾取珠光咖啡色眼影（产品 6）由后往前带出光泽感，约画到后 1/3 的位置。

12 打亮眼头

用浅色眼线笔（产品 3）画下眼线约前 2/3 的位置。

13 刷下睫毛

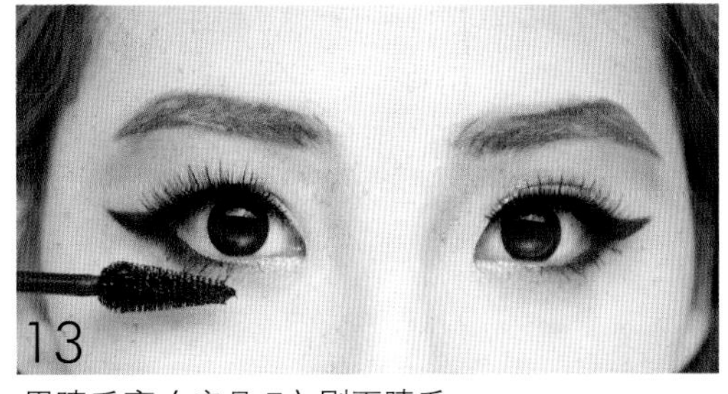

用睫毛膏（产品 7）刷下睫毛。

14 刷上腮红

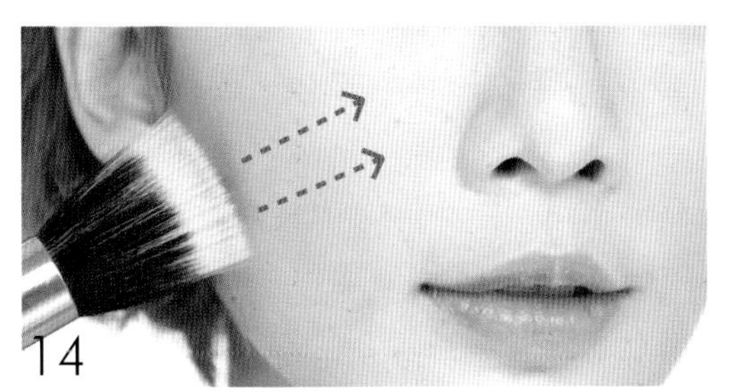

用刷子沾取橘色系腮红（产品 8），在脸颊上轻轻地从外侧往内刷好。

15 涂上唇膏

涂上橘红色的唇膏（产品 9）。

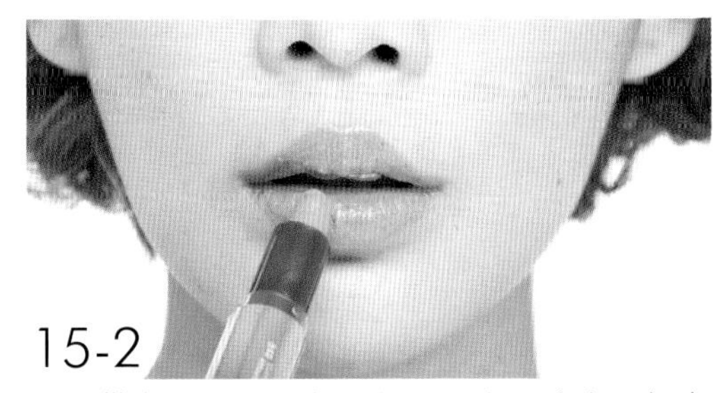

再用带有珠光的唇膏（产品 10），涂在唇部中央打亮即完成。

个性十足的
黑色派对妆

派对妆⑤

这款妆其实很简单！只要画上又粗又黑的眼线，加上黑色亮粉，再加上一点银箔，制造出闪亮的感觉，就十足的抢眼、有派对味了！不过这款妆的重点，是一定要贴胶带画眼线，两边才会画得一样，如果你的技术非常好不会失手，或是你正是那种追求两边眼睛的眼线画不一样高低的人，就不需要用胶带啦！

使用产品

① YSL 黑色眼线胶
② RMK 蜜粉 #P00
③ 透气胶带
④ Dior 眼影 #754
⑤ 银箔
⑥ HR 睫毛膏
⑦ ETUDE HOUSE 银白色眼线液
⑧ 黑色亮粉
⑨ MAC 腮红 #BABY DON’T GO
⑩ MAC 唇蜜 #WOO ME
⑪ MAC 唇蜜 #PURE MAGNIFICENCE
⑫ KissMe 假睫毛 #08
⑬ Dolly Wink 假睫毛 #NO.5
⑭ DUP 睫毛胶

Step by Step

1 刷上蜜粉

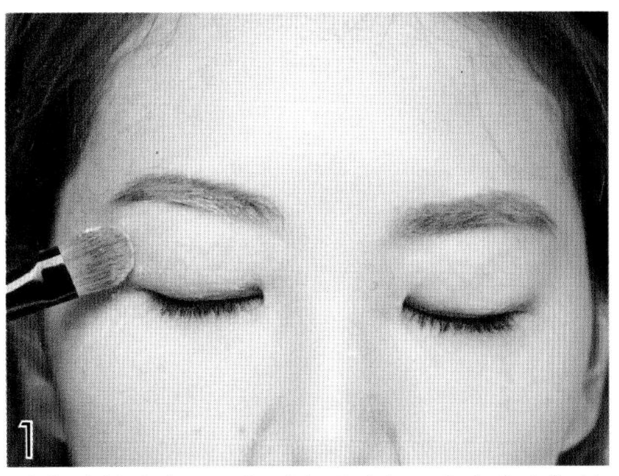

1

先将蜜粉（产品 2）刷在眉毛与眼窝上方之间的眼皮处（因为待会要在眼皮贴上胶带，刷上蜜粉是为了让胶带比较容易撕下来）。

2 贴上胶带

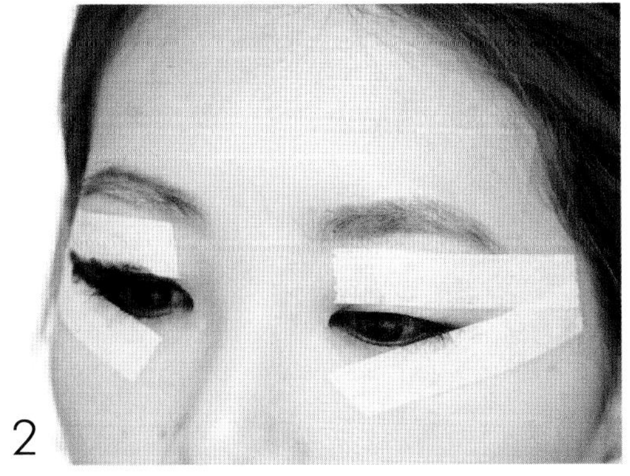

2

贴上透气胶带（产品 3）。

3 画上下眼线

3-1

用黑色眼线胶（产品 1）描绘上下眼线的线条。

3-2

画完眼线后将胶带撕下。

4 涂上胶水

用睫毛胶（产品 14）涂在眼线上。

5 粘上亮粉

用刷子沾取黑色亮粉（产品 8）涂在胶水上。

6 画上眼影

在眼窝处涂上浅棕色眼影（产品 4）。

7 刷上睫毛

用 Z 字形刷法刷上睫毛膏（产品 6）。

8 画下眼线

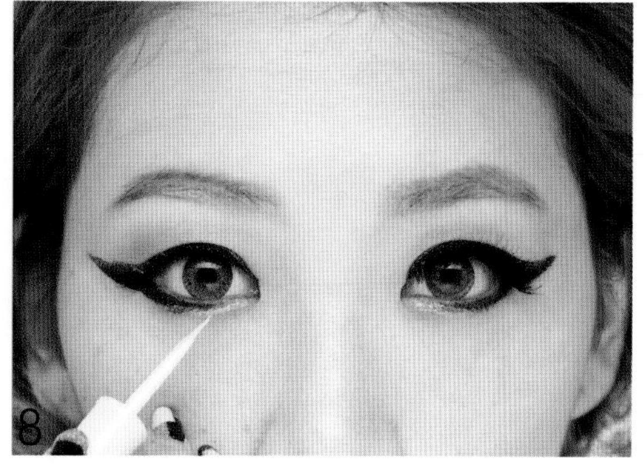

用银白色亮粉眼线液（产品 7）画在下眼线的前 1/3 处。

9 戴假睫毛

9

戴上浓密款的假睫毛（产品 12）。

10 戴下假睫毛

10

戴下假睫毛（产品 13）。

11 粘上银箔

11

在眼尾周边粘上小块小块的银箔（产品 5）点缀装饰。

12 修饰脸颊

12

用深色腮红（产品 9）从颧骨往斜下方刷，修饰两颊。

13 涂上唇蜜

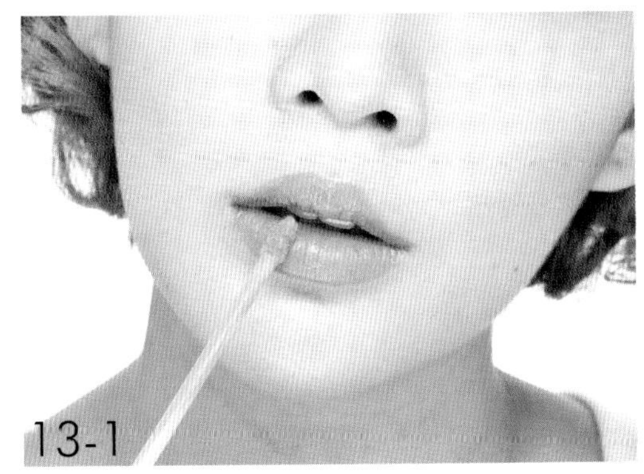

13-1

涂上裸色的唇蜜（产品 10）。

13-2

再涂上充满光泽的唇蜜（产品 11）就完成了。

完美卸妆

如果你问专业的化妆师“化妆会不会伤害皮肤”，那么他给你的回答很有可能是“一般不会，只要你彻底卸妆就行”。看吧，后面补充的这句特别重要。其实，就算你不化妆，也应该养成天天卸妆的好习惯，就如同要天天洗脸一样。

外出一天空气中游离的重金属、油性污染物容易附着在脸上，用一般的洗面奶不一定能彻底清洁。此外，在提倡防晒隔离护肤的同时，要知道防晒产品同样也属于油溶性，要用卸妆产品才能彻底清除，所以说卸妆是清洁必不可少的一个环节。

卸妆产品不要挑花眼

卸妆凝胶

卸妆凝胶属于不含油脂的卸妆产品，是卸妆产品中的新秀，清爽而不油腻，可直接用水冲掉，不必用化妆棉。

选择凝胶质地卸妆产品的女孩大多因为厌倦了卸妆油的黏腻，因为使用凝胶状产品时脸上会有冰凉的感觉，在炎热的夏天更大受欢迎。特别建议油性肌或T区爱出油的混合肌肤MM使用。不过因为凝胶的去污能力较其他产品要弱一些，所以更适合化淡妆的女性使用。

卸妆乳/霜

卸妆乳与卸妆霜的性质相似，质地比卸妆油更加清爽好冲洗，并且卸妆后皮肤不会有紧绷感，很适合干性或混合性肌肤使用，获得许多美女的偏爱。

不过卸妆乳液或者卸妆水，清洁能力相对较弱，比较适合化淡妆的女孩。这样的产品要微微加一点水湿润之后使用，否则会太黏腻，不易在全脸均匀延展，造成清洁上的遗漏。

卸妆油

卸妆油其实是一种添加了乳化剂的油脂，一直被认为是最优质的卸妆产品。因为彩妆品大多以油性成分为基底，按照“相似相溶”的原理，卸妆油就成了最能带走脸上脏污的卸妆品。

使用卸妆油时，双手及脸部需保持干燥。将硬币大小的卸妆油抹在脸上，用指腹以画圆的动作轻轻按摩全脸肌肤，溶解彩妆及污垢，大约1分钟。再用手蘸取少量的水，同样在脸上重复画圆动作，将卸妆油乳化变白，接着再轻轻按摩约20秒，最后使用大量的清水（以微温的水为佳）冲洗干净。

卸妆顺序

关于卸妆的顺序，正确的建议是先卸彩妆，再卸底妆。也就是说从妆容较浓的部位开始，由浓到淡，按照口红、眼影、眼线、睫毛膏、腮红、粉底的顺序逐步卸妆。

唇部卸妆步骤

在不少 OL 看来，所谓的唇部卸妆就是简单用纸巾擦掉而已，久而久之，唇部变得越来越干燥，唇纹也越来越深，所以说，唇部卸妆和面部、眼部卸妆一样，需要细致耐心地一步一步来。

以纸巾或卸妆棉轻轻按压唇部，来吸收掉唇膏里的油分。

将专用卸妆液，倒在两片化妆棉上，待化妆棉完全被沾湿后，轻轻敷在双唇上数秒。这个时候，最好表情微笑，便于嘴唇的皱褶展开，使卸妆液能全部渗透进去。

等卸妆液溶化嘴上的唇膏后，再用化妆棉由外围向唇部中心垂直擦拭唇部。

换一张湿的化妆棉，用力将嘴唇向两侧拉开，发出“一”的声音，卸除积于唇纹中的残红。

再将棉花棒蘸满卸妆液，仔细拭去存于唇纹中的残余唇膏。

眼部卸妆步骤

对于面部化妆来说，最难化的部位是眼部，卸妆也是同样的道理。因为眼部的化妆品较多，若没有及时清洗干净，便会阻塞毛孔而导致粉刺出现，甚至会引发眼部发炎等疾病。所以，眼部卸妆，着实能考验美女们的卸妆本事。

因为眼睛部分的皮肤组织较为脆弱，因此不宜使用一般的清洁用品，应该选择眼部专用卸妆品——眼部卸妆液。不过有许多爱偷懒的 MM，喜欢直接用脸部卸妆油来卸除眼部彩妆，这样其实很不好。因为许多脸部卸妆品，并不会像眼部专用卸妆液那么温和、无刺激，很可能对眼部造成伤害并影响最终的卸妆效果。

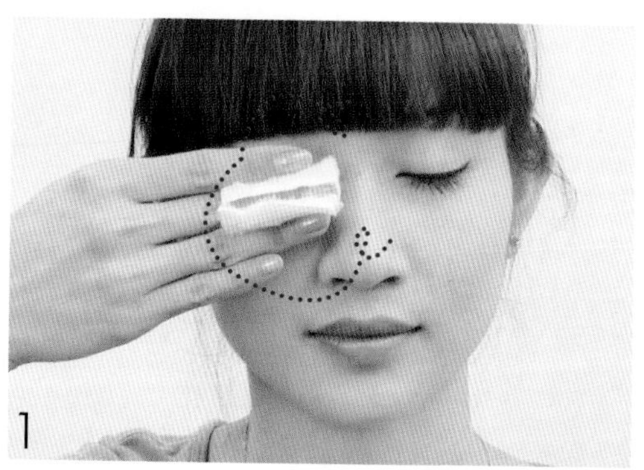

1

首先，将厚厚的化妆棉浸透卸妆液，轻轻按在眼皮上 3~5 秒，让睫毛膏、眼影、眼线等彩妆品与卸妆液充分溶合，接着按照上下和左右的方向轻轻擦去彩妆。

2

将化妆棉四折，用四个角来轻轻擦拭睫毛根部，这样可以去除残留的眼线和睫毛膏。注意不要用太多的卸妆液，否则会有大量残留物留在眼皮上，不易冲净。

3

如果使用了防水型的睫毛膏，则需要进一步清洁处理。将化妆棉对折后放在下眼皮处，将棉签蘸上卸妆液后轻轻擦拭上睫毛。棉签可以一边滚动一边擦拭，不习惯用棉签的人，也可以用折后的化妆棉替代。

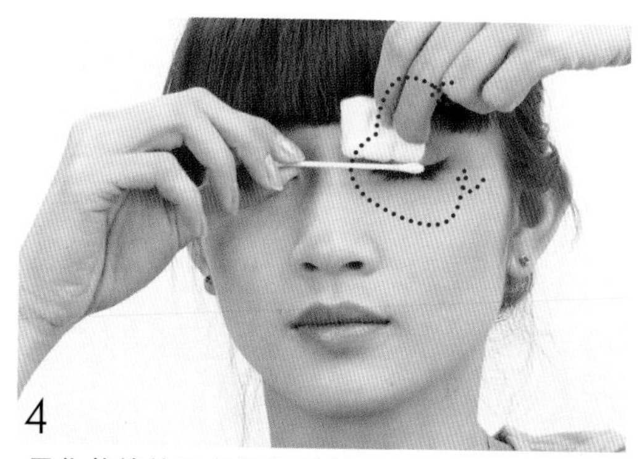

4

用化妆棉的四角轻轻擦拭下眼皮，将掉落到下眼皮的眼影和眼睫毛擦干净。最后将化妆棉放在上眼皮处，用棉签将残留在眼睫毛下端的睫毛膏擦拭干净。下睫毛用相同的方法卸除，多余的卸妆液用干净的化妆棉轻轻拍干。

眼部卸妆注意事项

1. 卸妆前清洁双手，以免手上的细菌污染卸妆产品。
2. 卸妆时不要用大力擦拭，手法要顺着眼部肌肤的纹理。
3. 佩戴隐形眼镜的 MM，卸妆前一定要摘掉眼镜。

脸颈部卸妆步骤

1

取适量的卸妆产品，用化妆棉或指尖均匀地涂于脸部、颈部，以打圈的方式轻柔按摩。

2

在鼻子处，以螺旋状由外向内轻抚。

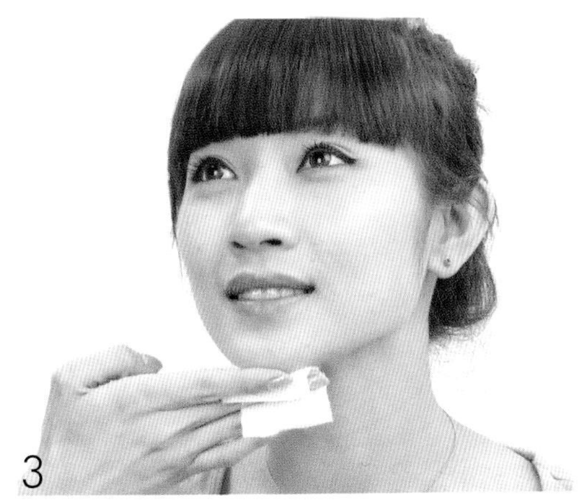

3

卸除脖子的粉底要由下向上清洁。

卸妆易犯哪些错误?

1. 手心湿湿的就蘸取卸妆油，还没使用卸妆油就先行乳化。

2. 不轻轻按摩脸部，卸妆油未能充分溶解彩妆，就用水冲掉。

3. 把卸妆乳当成按摩霜，使好不容易按摩出来的污垢又让皮肤“吃”回去。

卸妆后，一定要用洗面奶进行二次清洁

许多MM卸妆之后，会有一种错觉，感觉卸妆产品把脸上的污垢全部溶掉了，并且用化妆棉一擦，皮肤立刻透气了。于是，就会觉得皮肤已经很干净，不需要再用洗面产品了。

这种想法可是大错特错。因为虽然彩妆已经被卸掉，但卸妆产品的残留物还在脸上，何况皮肤本身代谢出来的产物、粉尘、汗液等等都混在卸妆产品里，等于脸上还是有许多看不见的污染物，不用洗面奶是绝对不可以的。

温馨小贴士

如果你没有专用的卸妆产品，也可以用润唇膏、婴儿油和润肤乳等产品来代替卸妆产品。因为这些产品中的油分含量比较大，在卸妆的时候会比较容易。

参加完聚会后，脸上可能会有很多亮片，用胶带轻轻贴去脸上和身上的亮粉，再卸妆就会比较容易了。

Part 02

凡妮莎教你〈编出漂亮〉！
Pretty Hair!

40款编发造型示范，
让你轻松拥有多变的美丽面貌！

详尽的辫子教学，
从三股辫、四股辫到鱼骨辫，所有你最想学的辫子教学，统统告诉你！
甜美感、女神风、利落派、浪漫情怀，各种风格，精彩呈现！
变身大美女，就是这么简单！

凡妮莎：
「虽然你永远是同一个人，可是却可以经由打扮，变化出不同容颜！」

辫子编发教学

两股编、三股编、鱼骨编、四股编……辫子的种类那么多，想要得心应手地变成编发达人，当然这些基本功一定要先学会！黏土小老师在我的上一本书已经出现过了，不过这次教的内容又更丰富，各位同学赶紧跟着黏土小老师一起动动手，练习基本的辫子编发吧！

2股编

2股编就是先将头发分成两条发束，接着将两条发束往同一边扭转，扭转完后将两条发束往扭转的反方向交叉即可。（例如两条发束都先往右扭转，交叉的时候就必须是往左边交叉喔！）

〈2股编发造型〉请参看本书“两股辫公主头”

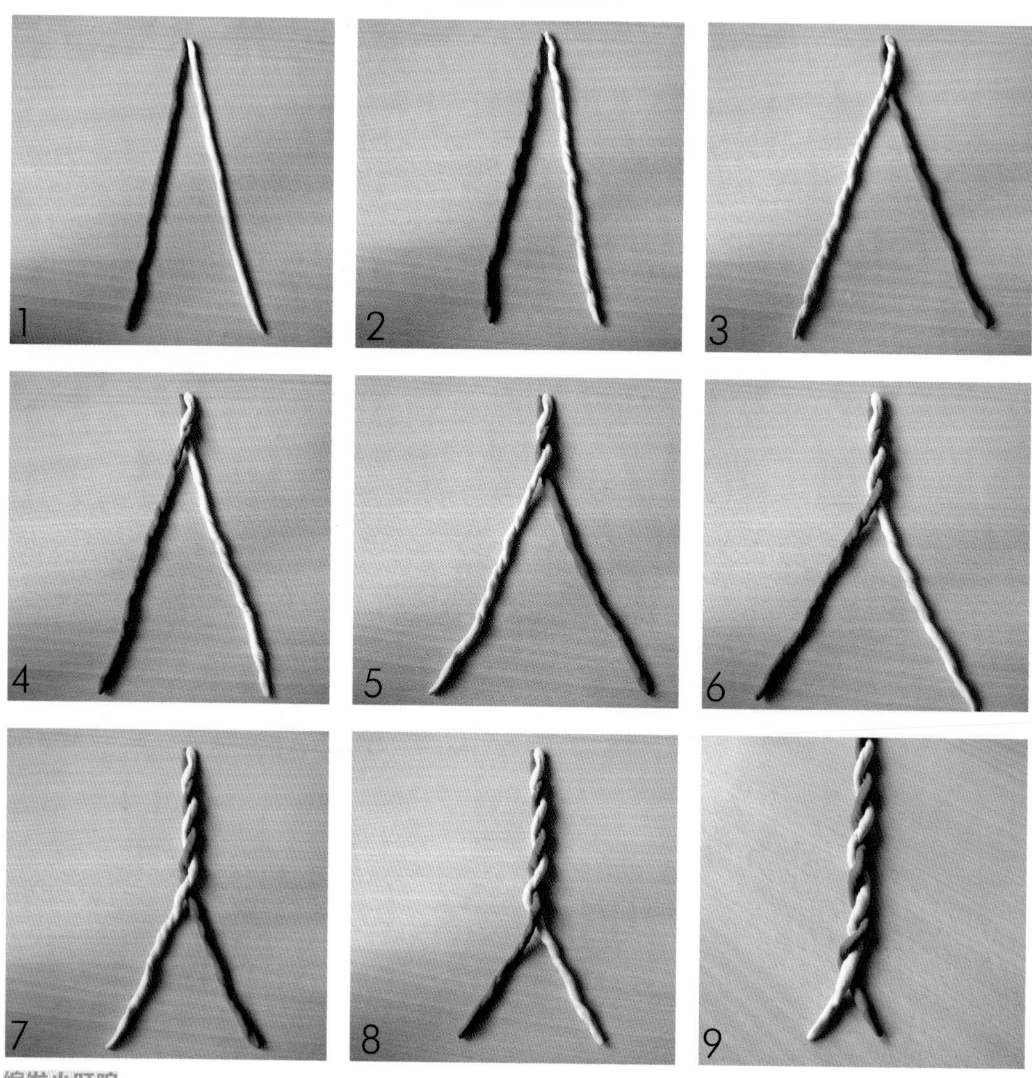

编发小叮咛

DVD里示范的是边扭转边交叉，编发新手也可以先扭转完整条发束再进行交叉编发。

3股麻花辫 - 正编

3股麻花辫应该是一般人都会的基本编发！只要将左右两边的发束轮流往中间的发束上叠就完成了。这种往上叠的方式叫做正编，呈现出来的花纹就象是V字形一样喔！

编发小叮咛

三条发束的发量需均等，编出来的麻花辫才会好看喔！

〈3股正编造型〉请参看本书“温柔气质的轻熟盘发”

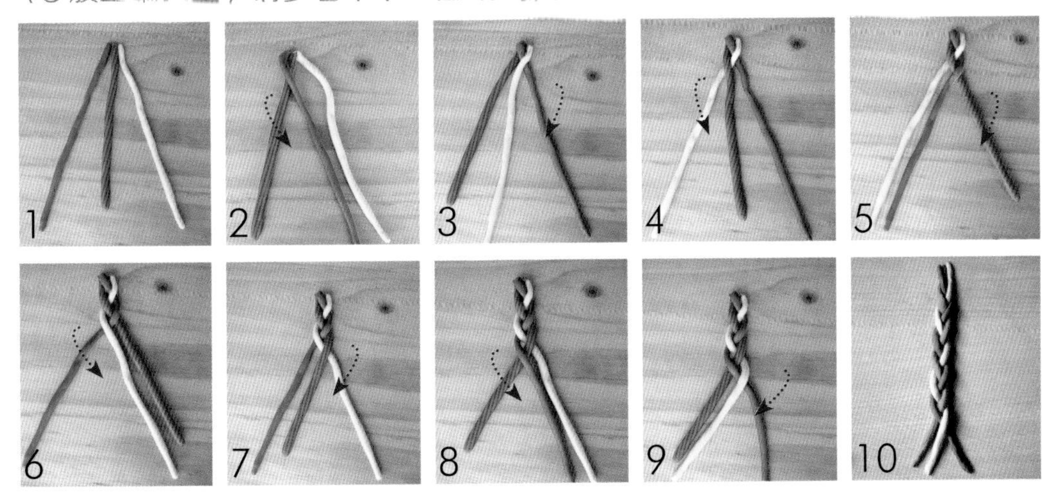

3股麻花辫 - 反编

3股麻花辫的反编，相较于正编，不同的地方在于左右两边的发束轮流往中间的发束下叠，呈现出来的花纹就象是倒V字形一样！聪明的朋友有没有发现其实3股正编的反面就是反编喔！

编发小叮咛

3股反编常常会运用在刘海的编发，编起来会比较顺、也比较好看。

〈3股反编造型〉请参看本书“名媛风辫子发箍”“时尚风格的辫子盘发”

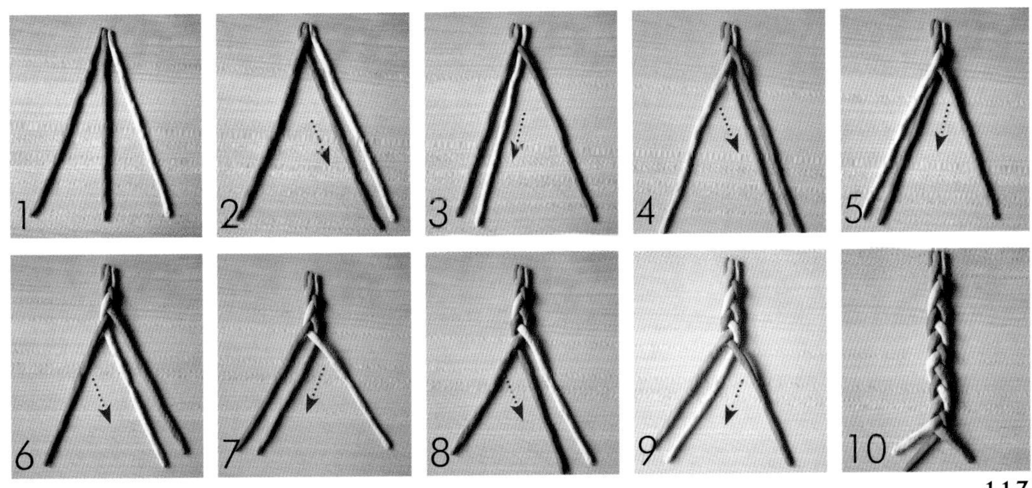

“3+1”麻花辫

“‘3+1’麻花辫”的编法为，一开始和 3 股麻花辫一样，先分成三条发束，编完第一次的交错之后，从第二次开始，固定要从某一边加头发进来，编到没有头发可以加的时候再回到正常的 3 股编就可以喽！

〈编发小叮咛〉

不管是“3+1”还是“3+2”的编发方式，都要从靠近头皮的位置开始编，让麻花辫可以贴着头部曲线。

〈3+1 编发造型〉请参看本书“优雅气质的辫子盘发”“浪漫情怀的麻花辫盘发”

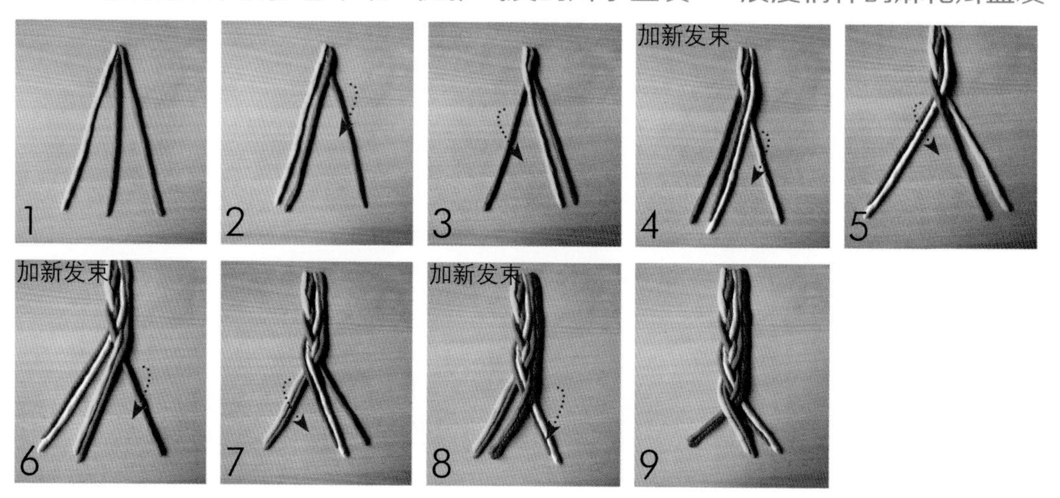

“3+2”麻花辫

“‘3+2’麻花辫”的编法一开始也和 3 股麻花辫一样，先分成三条发束，编完第一次的交错之后，从第二次开始，固定每次左右两边都要加头发进来，所以辫子的发量会越来越多。刚开始练习时可能会觉得手要打结了，不过其实不难，只要练习几次就能上手了！

〈3+2 编发造型〉请参看本书“气质感 UP 的侧边麻花辫”

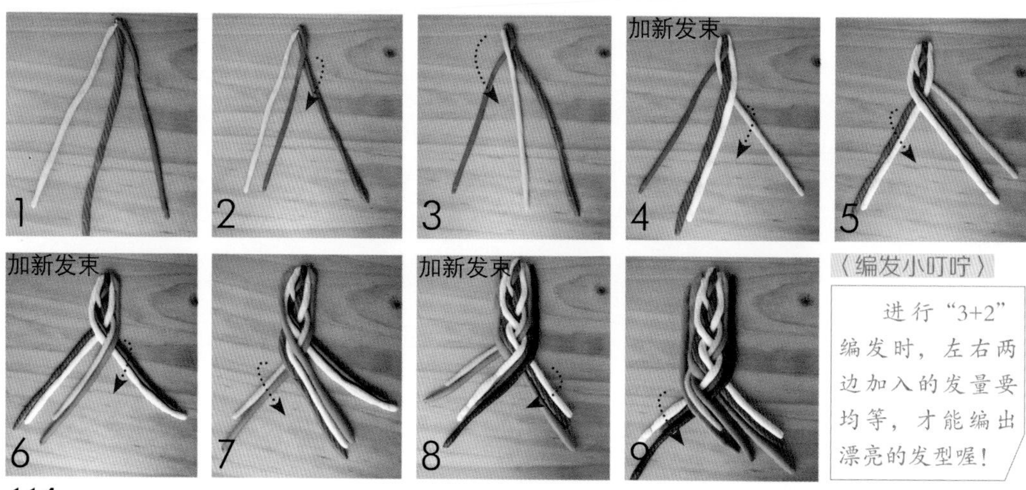

〈编发小叮咛〉

进行“3+2”编发时，左右两边加入的发量要均等，才能编出漂亮的发型喔！

4股编－款式1

4股编顾名思义就是要将头发先分成四股，我将头发取编号1、2、3、4，这样在编的时候不容易乱掉，第一种4股编都是以1号头发为基准，掌握“上—下—上”的原则就不会错了喔!

〈4股编发造型〉请参看本书“法式发带四股辫”

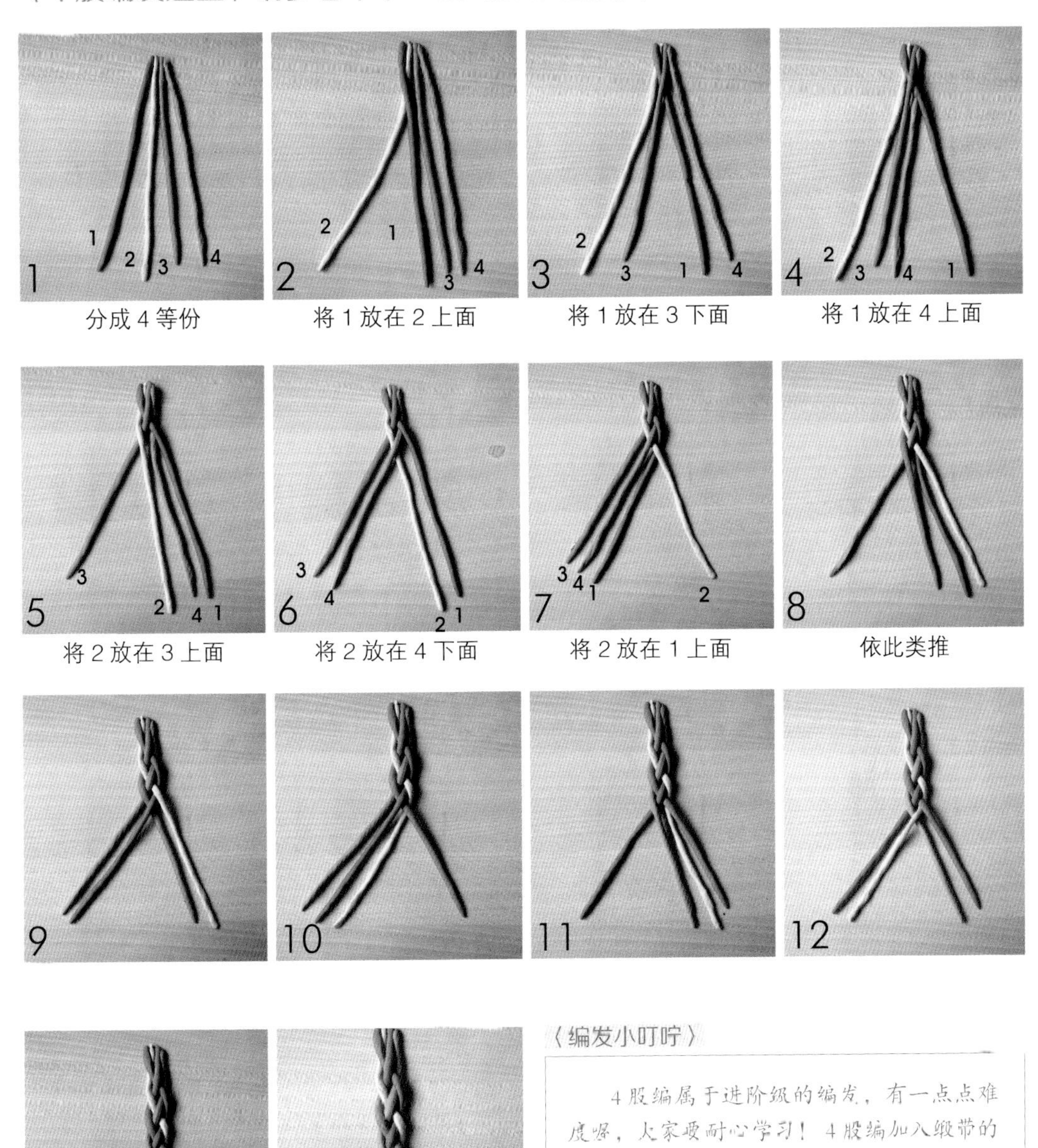

1 分成4等份

2 将1放在2上面

3 将1放在3下面

4 将1放在4上面

5 将2放在3上面

6 将2放在4下面

7 将2放在1上面

8 依此类推

9

10

11

12

13

14

〈编发小叮咛〉

4股编属于进阶级的编发，有一点点难度喔，大家要耐心学习！4股编加入缎带的运用，是个让人惊艳的发型！

4 股编 - 款式 2

第二种 4 股编也是先将头发分为四组，编号 1、2、3、4，1 号头发由后往前盖住 3 号头发，4 号头发由后往前盖住 2 号头发（即步骤 2 的 1 号头发），重复这个口诀一直往下编，要注意在编的时候头发的号码会重新排列的喔！

〈编发小叮咛〉

4 股编的款式 1 和 2 的差别，在于交错的顺序不同，大家如果怕会乱掉，可以牢记一种，以免乱掉喔！

〈4 股编发造型〉请参看本书“法式微甜的缎带盘发”

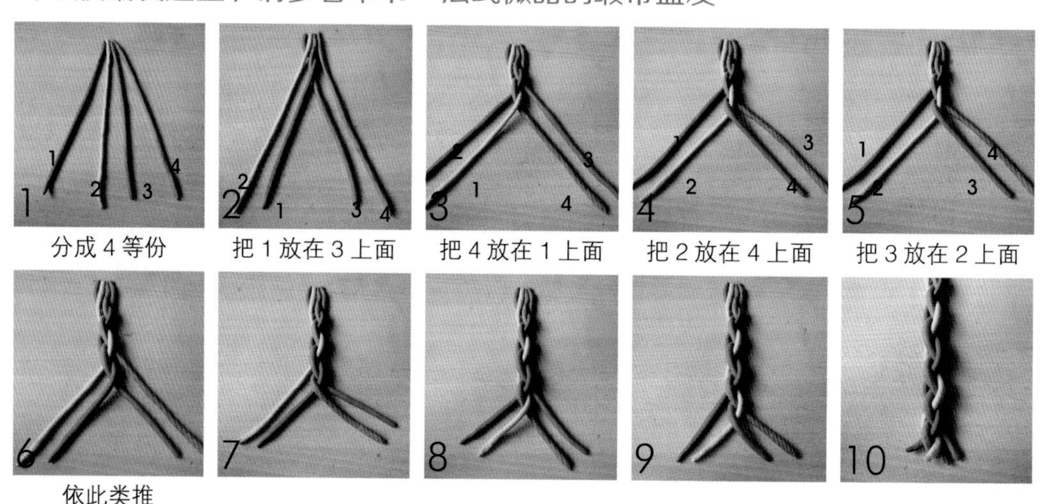

分成 4 等份　把 1 放在 3 上面　把 4 放在 1 上面　把 2 放在 4 上面　把 3 放在 2 上面

依此类推

鱼骨编

鱼骨编刚开始一样要先将头发分成三条发束，编完第一次的交错之后，从第二次开始，从两侧轮流用手指或指甲挑出一小撮头发往中间放即可，挑出的头发越小撮，编出来的鱼骨编越像鱼骨造型、越好看，要有耐心哦！

〈编发小叮咛〉

编好后，可以稍微轻轻地往左右两边拉松，会更显自然浪漫！

〈鱼骨编编发造型〉请参看本书“高时尚的韩系鱼骨辫”

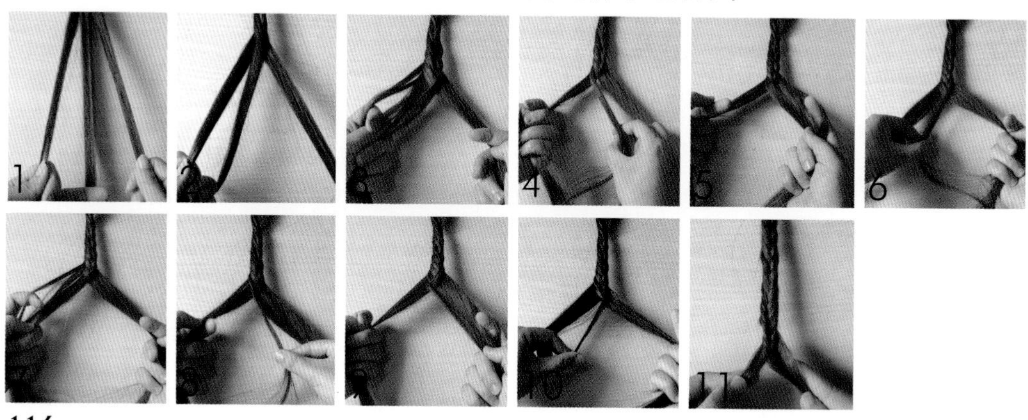

编发小帮手，造型加分的**小秘密**！

①盘发器（穿发棒）

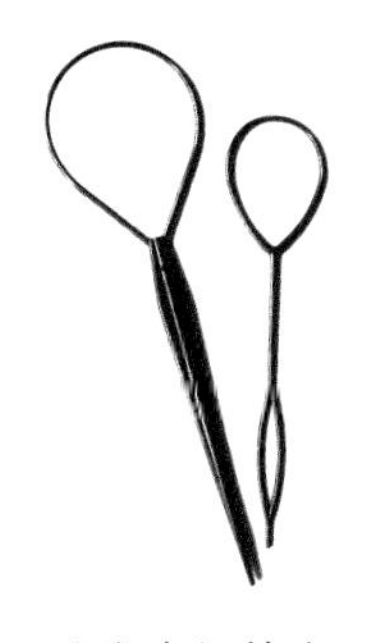

市面上这种盘发器非常便宜，大概 10 元就可以买到，使用方法也是相当简单，只要将盘发器插入绑好的头发中，再将头发穿进盘发器的洞里，接着轻松拉出，就可以做出很多复杂的花样盘发

②发型增高垫

可以轻松制造出发型的高度与蓬度。头型太扁或是头发太细的人，也可以利用增高垫拯救扁塌头！只是大家在使用时要找准位置再放上去，因为它会粘住头发，放上去后再想移动位置就比较困难喽。

③电发卷

我平常多使用电卷棒来塑造卷发造型，但是除了各式各样大小的电卷棒以外，电发卷也是完成卷发造型的好东东喔！发量太多的人若是担心用电棒卷完一整颗头耗时太长的话，不妨试试电发卷吧！上完电发卷后的卷发卷度可以持续一整天，让你从早到晚都能维持亮丽造型！

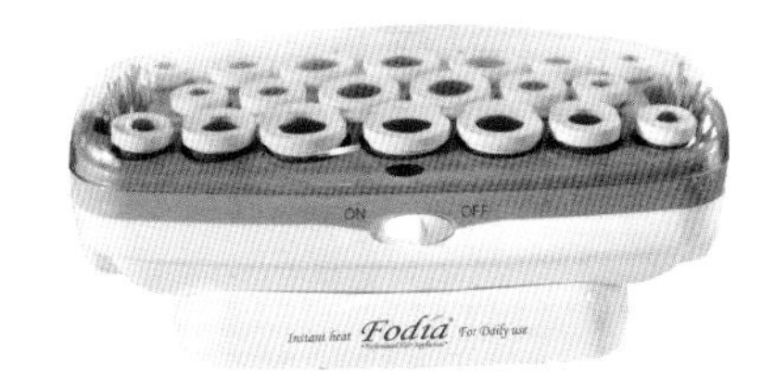

FODIA 富丽雅专业电发卷（20 入）

④专业级电棒

如果像我一样常常需要和时间赛跑，必须分秒必争快速地做好造型，这时一支加热速度快的电棒就非常重要了！这支专业级的电卷棒，加热速度很快，对于想要迈向专业之路的人，是很值得投资的工具喔！

FODIA 富丽雅专业急速卷发棒（32 厘米）

⑤迷你离子夹 & 电卷棒

平板的迷你离子夹，可以帮助你夹出弯弯的刘海。玉米须面板的迷你离子夹、迷你款的电卷棒，轻巧好携带的特性，让你不管出国工作或是旅游，都能美美的！

❶ FODIA 富丽雅 MINI 造型卷棒（28 厘米）
❷ FODIA 富丽雅 MINI 平板离子夹
❸ FODIA 富丽雅 MINI 玉米须离子夹

马尾

马尾是最简单利落的发型，
也是深受大多数男生喜爱的发型，
初次约会或是和心仪对象见面时，
随性的扎起马尾，露出肩颈线条，
微微自然散落的发丝，
绝对是最安全不出错的 Look！

马尾虽然简单，
但是只要改变头发的卷度，
或是随着绑的高低位置不同，
就会呈现出不同的马尾风情！

难度：★★☆☆☆

马尾①

温柔可人的打结马尾

加点小巧思，马尾就能不一样！

Step by Step

准备工具｜鸭嘴夹 2 支，黑色橡皮筋 1 条，小黑夹数支，可爱发饰 1 个

1 预留头发

1

预留耳朵两旁的头发，用鸭嘴夹暂时固定。

2 头发分区

2

将后面的头发随意地分成两区。

Front

Back

Side

3 将头发打结

3-1

将两边头发打一个松松的结。

3-2

再用橡皮筋固定。

4 用头发藏住橡皮筋

4

取出一小撮头发绕着橡皮筋缠几圈，再用小黑夹固定住。

5 扭转头发

5

将步骤 1 预留的两侧头发扭转并塞进中间的空隙。

6 夹上发饰

6

再夹上可爱的发饰就完成了。

难度：★★☆☆☆

Front　　Back　　Side

马尾②

展现气质的麻花辫低马尾

上班不迟到，短短五分钟即可完成！

Step by Step

准备工具 | 橡皮筋1条，小黑夹数支，离子夹1个

1 编“3+2”麻花辫

1

从头顶后方开始编“3+2”麻花辫（“3+2”麻花辫编法请见 P114）。

2 固定头发

2

编到靠近脖子时，用橡皮筋将头发固定。

3 藏住橡皮筋

3

抓出一小撮头发绕着橡皮筋缠几圈，把橡皮筋藏起来，再用小黑夹固定住。

4 夹直马尾

4

最后将马尾处用离子夹夹直即可。

凡妮莎小叮咛

用头发藏住橡皮筋，可以让发型更有质感！

现在很多美眉的头发颜色都染得比较浅，如果绑头发时露出黑色橡皮筋就会显得不好看，不仅显得突兀，还破坏了整体造型，所以凡妮莎在编发步骤里，几乎都会强调“用头发藏住橡皮筋”这一步，一个小小的动作技巧，就能让你的造型更细致加分！

难度：★★☆☆☆

马尾③

简单可爱的扭转马尾

超萌！不需橡皮筋也能完成的超 Q 马尾！

Step by Step

准备工具｜小黑夹数支，电棒1个（32厘米），可爱发饰1个

1 将头发上卷

将头发用电棒上卷。

2 将头发分区

将头发分成上下两区。

Front

Back

Side

3 扭转头发

将上区头发往侧边向下扭转，再用小黑夹在扭转处固定，让发尾散落在侧边耳朵，制造出马尾的感觉。

4 扭转头发

下区的头发也往同一侧向下扭转，用小黑夹固定，并调整下区与上区的发尾处。

5 戴上发饰

戴上一个可爱的发饰，可以让发型更有重点哦！

难度：★★☆☆☆

马尾④

Front　　Back　　Side

好感度满分的侧边马尾

将头发穿进洞，就能让发型好特别！

Step by Step

准备工具｜橡皮筋 3 条，大肠发束 1 个

1 绑侧边公主头

将头发先绑成一个侧边的公主头，用橡皮筋固定。

2 将头发穿进洞

在公主头中间开一个洞，将下方的头发穿进洞里。

3 加头发再绑起来

将剩下的头发分成两份，其中一份与公主头合并，在稍低的位置绑在一起。

4 将头发穿进洞

再次在绑好的发束中间开洞，把下方头发穿进洞里。

5 重复步骤

将所有头发在更低的位置绑在一起，然后一样开洞，将下方头发穿进洞里。

6 绑上大肠圈

最后绑上一个喜欢的大肠发束装饰就完成啦！

难度：★★★☆☆

Front　Back　Side

马尾⑤

率性利落的抢眼马尾

超级放电机！ party 里电力十足的抢眼发型！

Step by Step

准备工具｜橡皮筋1条，小黑夹数支，鸭嘴夹2支，发蜡适量

1 编“3+2”麻花辫

将左右两侧头发分别从头顶开始编“3+2”麻花辫，编到靠近肩膀处，用鸭嘴夹暂时夹起来固定。

2 绑低马尾

将两条辫子一起向后和所有头发集合成一束，用橡皮筋绑成一个低马尾。

3 用头发藏住橡皮筋

再抓一搓发束绕住橡皮筋处，用小黑夹固定。

4 固定刘海

将刘海中分，手指头沾取一些发蜡涂抹刘海，再将刘海带到耳朵两边，用小黑夹固定。整齐干净的刘海，是这个发型更显率性利落的重点！

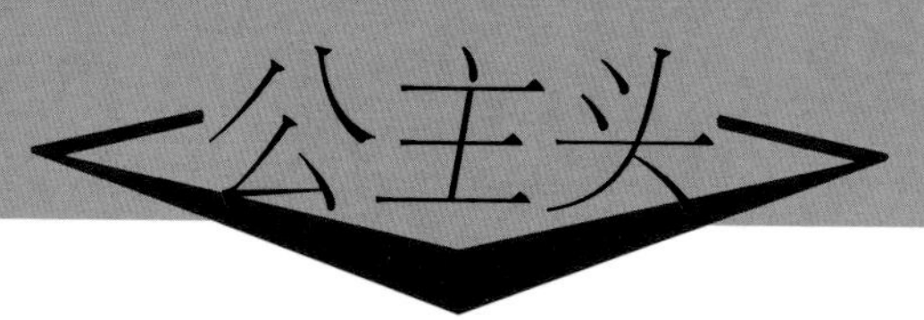

公主头也是人人都会绑，甚至是从小绑到大的标准发型之一，如何将这款“历史悠久”的发型改造出新生命?

利用这几年很火红的三管电棒，改变头发卷度；利用小工具增高器，增加头发的蓬度；利用扭转小技巧，变化出丰富的视觉效果；加入小小的步骤，就能让了无新意的公主头，变成活泼的新兴造型！

难度：★★☆☆☆

公主头①

浪漫度假风编发

悠闲漫步在海边的女神 LOOK！

Front

Back

Side

Step by Step

准备工具｜小黑夹数支，橡皮筋 2 条

1 将头发中分

先将头发分成中分发型。

2 3 股辫编发

2-2

从中分的发际线开始，分别往两旁进行 3 股辫编发，记得将刘海也要一起编进去喔！

让整个脸清爽干净，是这个发型的重点之一！

3 固定辫子

将两条辫子重叠在后脑中间的位置，用小黑夹固定好，就完成了！

难度：★★☆☆☆

Front　Back　Side

立体蓬蓬公主头

公主头②

不经意转向侧脸，优美的发型弧度立现！

Step by Step

准备工具｜电棒（38 厘米）1个，鸭嘴夹 1 支，小黑夹数支，公主头增高垫 1个

1 将发尾上卷

用电棒将发尾卷烫出平卷曲线。

2 将头发分区

将头发分成上、下两区，将上区的头发用鸭嘴夹暂时固定。

3 扭转两侧头发

抓取耳朵两侧等量的一小束头发，分别往内扭转，并用小黑夹固定在中间处。

4 将上区头发变蓬松

用电棒将上区预留的头发稍微制造些卷度（也可以选择用尖尾梳刮蓬），这个动作可以让头发更立体蓬松。

5 放公主头增高垫

在上区头发里面放上一个公主头增高垫，再将头发放下整理好即可。

平卷怎么卷？

这款发型的一个小小重点在于，利用电棒卷出平卷的弯度，呈现出温柔优雅的微卷卷度。将头发分区，从最下层的头发开始，将电卷棒夹在接近发根的部位，（要小心不要烫到头皮。）再往下拉到适度的位置。（避面上面的头发太卷，会显得老气。）拿着电卷棒的一手定住不动，另一手将头发顺着电卷棒绕，一直到发尾全部都绕完。同样的方式卷完全部的头发，再用手指轻轻把头发拨顺，就完成喽！

难度：★★★☆☆

公主头③

Front

Back

Side

异国风多层次公主头

重复扭转发束，创造多层次的立体感！

Step by Step

准备工具｜小黑夹数支，漂亮发带1条

1 创造头顶蓬松度

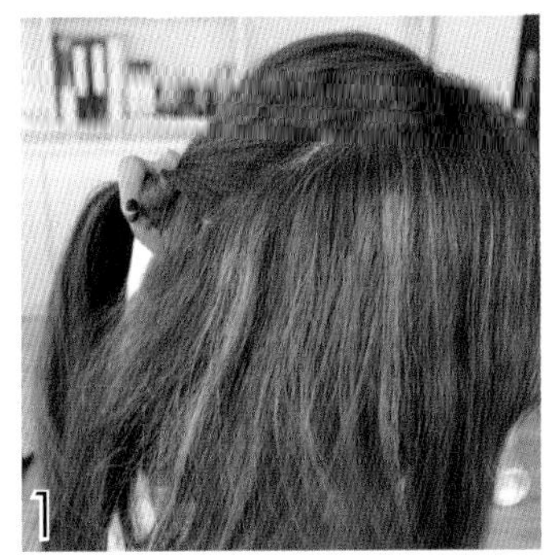

将头顶抓出一束头发，扭转之后往上推高，并用小黑夹固定。

2 扭转发束

抓取左边一小撮头发往右侧扭转，并用小黑夹固定在右侧。

3 扭转发束

换抓取右边一小撮头发往左侧扭转，并用小黑夹固定在左侧。

4 再次扭转两侧发束

重复步骤2～3，将两侧头发再次扭转固定，然后将所有头发拨到侧边。

5 戴上发带

再戴上漂亮的发带就完成了。

Front　Back　Side

两股辫公主头

简单易学的编发技巧，
利用两股辫变化出的简单发型！

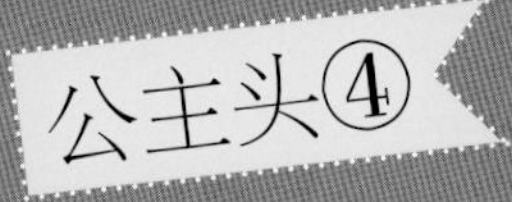

Step by Step

准备工具 | 橡皮筋 3 条

1 编两股辫

将两边头发耳上部分进行两股辫编发。（两股辫的编法请见 P112）。

2 将辫子绑在一起

将两条两股辫加上周围一些头发，在后面中央绑成一束。

3 头发穿进洞

最后将绑起来的头发往上穿进洞里即可。

三步骤搞定包包公主头！

准备工具 | 大肠束 1 个，小黑夹数支

1 用大肠发束绑出包包头

用大肠发束将公主头的头发绑出一个空心的包包头。

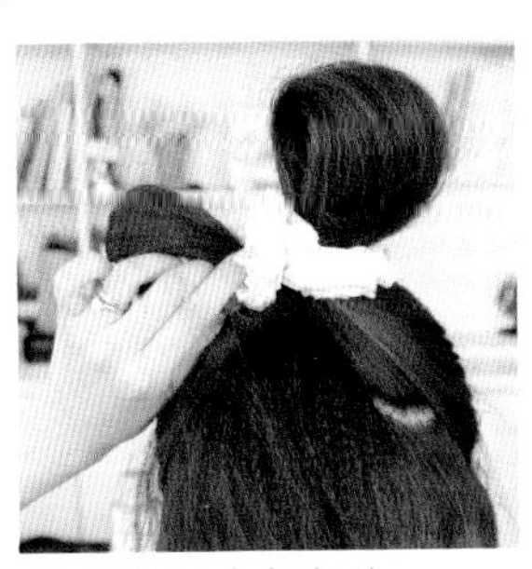

2 绑第二个包包头

继续用大肠束将多余的头发绑成另一个小包包头。

3 抓松后固定

将两个包包头抓松，调整发丝，再用小黑夹将两个包包头交错固定在一起即可。

难度：★★★★☆

Front　　Back　　Side

韩系潮流公主头

引领首尔街头的潮流发型，
变身韩妞的最佳 Hair Style！

公主头⑤

Step by Step

准备工具｜三管电棒1个，小黑夹数支，橡皮筋1条，尖尾梳1把，发饰1个

1 将头发夹卷

这个发型的重点在于又小又卷的卷度，我们可以用三管电棒夹出卷度，或是在前一晚睡前，将整头编好细小的三股辫，也能有类似的效果。

2 绑公主头

绑一个高高的公主头，用橡皮筋固定好。

3 固定刘海

将刘海中分，分别往两旁扭转卷紧，往后绕到公主头橡皮筋的固定处，用小黑夹固定。

4 刮蓬头发

将公主头的发尾用尖尾梳逆刮刮蓬。

5 绕包包头

将公主头绕成一个包包头后，用小黑夹固定即可。

难度：★★☆☆☆

Front　　Back　　Side

侧边俏皮公主头

公主头⑥

搭配蓬松的卷发，就象是卡通里的淘气女孩！

Step by Step

准备工具｜三管电棒1个，小黑夹数支，橡皮筋1条，尖尾梳1把，发饰1个

1 将头发夹卷

这个发型的重点在于又小又卷的卷度，我们可以用三管电棒夹出卷度，或是在前一晚睡前，将整头编好细小的三股辫，也能有类似的效果。

2 绑侧边公主头

将头发绑一个侧边的公主头，用橡皮筋固定好。

3 使用盘发器

用盘发器由下往上插入公主头橡皮筋上方，再将公主头的发束塞进盘发器的洞里，接着再将盘发器内的头发往上拉出即可。

4 用头发藏住橡皮筋

抓取一撮公主头头发绕住橡皮筋，再用小黑夹固定。

5 固定公主头

用完盘发器后，为了不要让公主头翘太高，要用小黑夹将公主头的结固定在靠近头皮处。

包包头

从日本街头美眉开始发迹大红的包包头，
不但能拉长身形比例，更显青春无敌！

包包头也是百搭造型，不管任何场合或穿搭，
干净清爽的包头，
都能大大展现出女孩的好感度！

难度：★★★☆☆

包包头①

日系辫子包头

日系甜心们绝对不能错过的可爱包头！

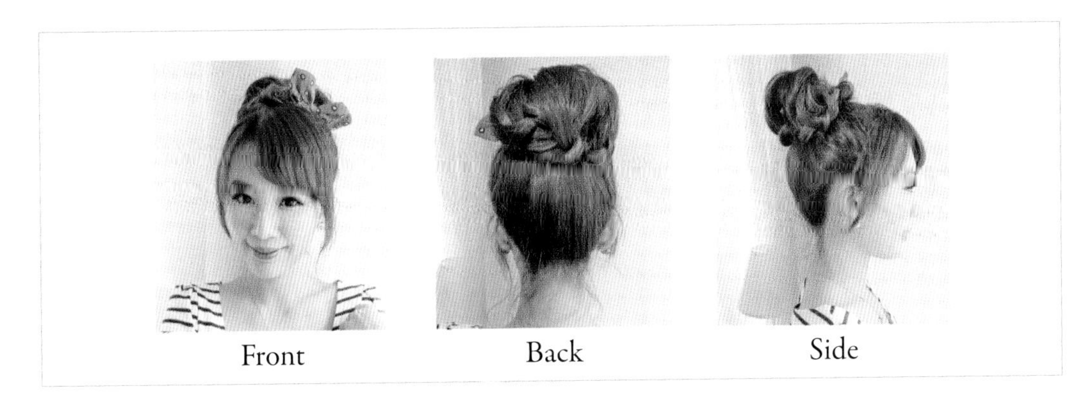

Front　Back　Side

Step by Step

准备工具｜橡皮筋1条，小黑夹数支，可爱发饰1个

1 绑高马尾

将头发绑成一个高马尾，用橡皮筋固定。

2 用头发藏住橡皮筋

取出一小撮头发绕住橡皮筋处，再用小黑夹固定。

3 编“3+1”麻花辫

将马尾的头发编成“3+1”反编。

“3+1”麻花辫的编法请见P114。

4 绕包头

将编好的麻花辫绕成一个包头后，用小黑夹固定。

5 发饰装饰

夹上一个可爱的蝴蝶结发饰就完成了！

难度：★★☆☆☆

包包头②

简易韩风包头

超 EASY！轻松扭转出有型又简单的包头！

Front　　Back　　Side

Step by Step

准备工具｜小黑夹或 U 形夹数支

1 抓取全部头发

1 像绑马尾一般，将所有的头发抓成一束。

2 扭转头发并固定

2-1　2-2 将头发往上扭转，再用小黑夹沿着扭转好的发束固定。

3 固定包头

3-1　3-2 将多出来的发尾绕成一个小包包头，再用小黑夹固定即可。

凡妮莎小叮咛

多出来的头发如果绕不成包包头的话可以利用夹尾梳刮蓬，再固定哦！

难度：★★★☆☆

包包头③

Front　Back　Side

韩系利落包头

个性女孩首选！造型感十足的利落发型！

Step by Step

准备工具｜鸭嘴夹 3 支，尖尾梳 1 把，橡皮筋数条，小黑夹数支，可爱发饰 1 个

1 预留头发

1

将刘海及前区的头发先预留，用鸭嘴夹暂时固定。

2 头发分区

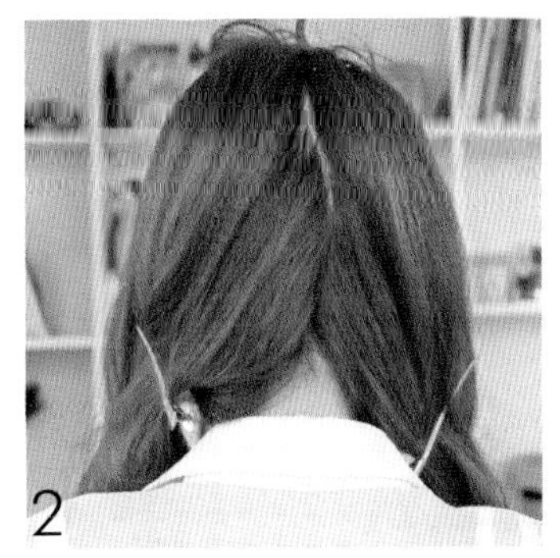
2

将后区的头发分成两束，大约是 2 ： 1 的比例。

3 扭转头发

3-1

3-2

将两束头发分别往上扭转，再用小黑夹固定。

4 刮蓬发尾

4-1

将发尾刮松。

4-2

调整一下发丝，随意缠绕成空气感包头，再用小黑夹固定。

5 固定刘海

5-1

5-2

将刘海部分往侧边扭转至头顶，再用小黑夹固定，再夹上可爱的发饰就完成了。

难度：★★★☆☆

Front　　Back　　Side

欧美派时尚包头

包包头④

展现出欧美名模般的高时尚感！

Step by Step

准备工具｜小黑夹数支，公主头增高垫 2 个，发带 1 条

1 将头发分区

将头发分成上下两区。

2 放增高垫

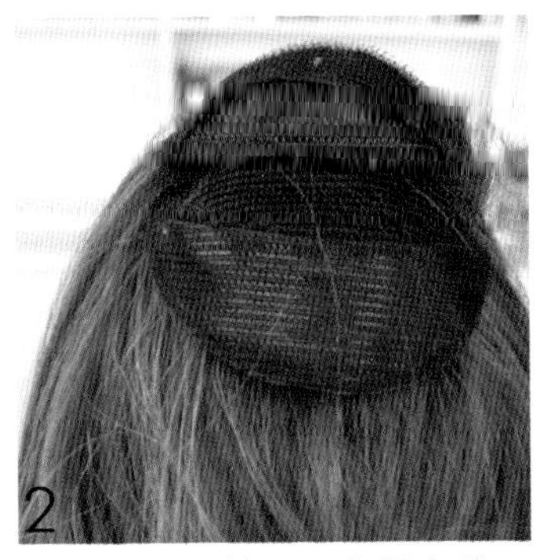

将头顶区内放入两个增高垫，让头形更蓬更好看。

3 刮蓬头发

用尖尾梳将头顶区的头发稍刮蓬，从发尾向头皮方向刮，记住不能来回刮，以免头发受损。

4 扭转头发成公主头

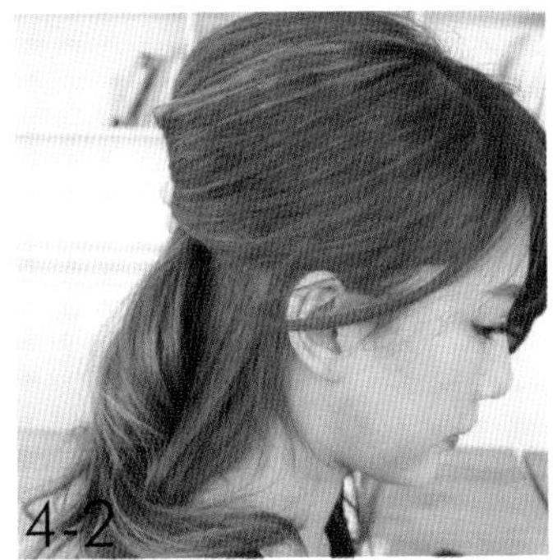

4-3

将头顶区的头发整理成公主头，然后稍微轻轻扭转，再往上推高后，用小黑夹固定。

5 扭转包头并固定

5-2

将下方头发扭转绕成包包头，再用小黑夹固定。

6 戴上发带

最后将发带戴上，就完成了！

难度：★★☆☆☆

Front　　Back　　Side

蜜糖麻花卷包头

包包头⑤

可以甜美也可以展现个性的简单包头！

Step by Step

准备工具｜小黑夹数支，橡皮筋 2 条

1 绑高马尾

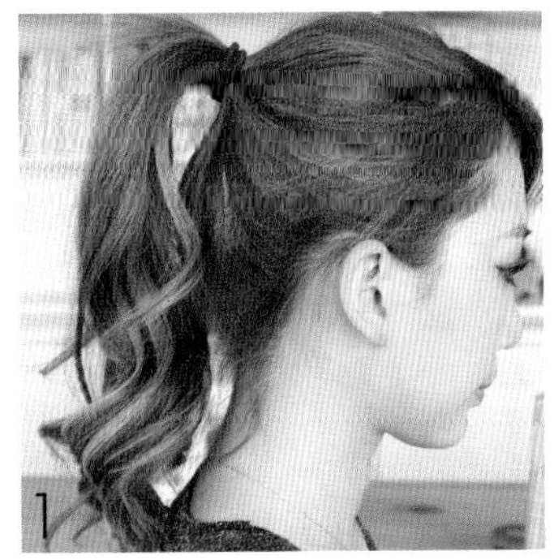

将头发绑成一个高高的马尾。

2 编三股辫

将马尾往前编一个松松的三股辫，编完后可以再轻轻拉松一点。

3 固定辫子包头

将三股辫绕成包头后，用小黑夹固定即可。

Front

Back

Side

三步骤搞定的快速包包头!

准备工具｜小黑夹数支，橡皮筋 1 条

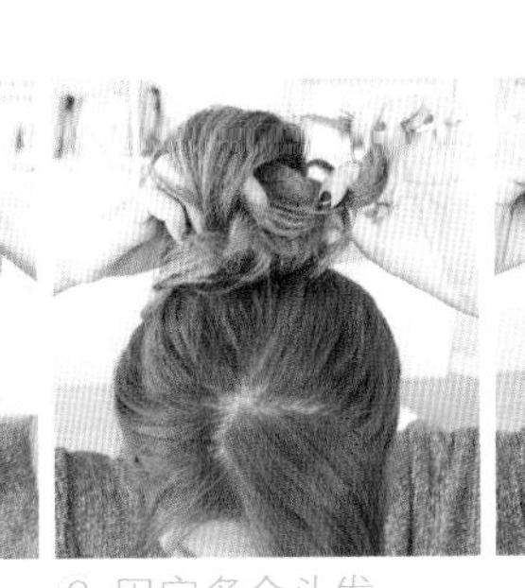

①绑包包头

将头发用橡皮筋绑成一个空心包包头。

②固定多余头发

将发尾多余的头发穿过包包头的洞里，再用小黑夹固定即可。

难度：★★☆☆☆

包包头⑥

甜美慵懒包头

不轻易间流露出甜美感，在家也要超可爱！

Step by Step

准备工具｜小黑夹数支，尖尾梳 1 把，可爱发夹 1 个

1 抓取全部头发

将所有的头发抓成一束，并用尖尾梳的尖端挑出一些靠近颈部的发丝。

2 扭转头发并固定

将头发往上扭转，并用小黑夹固定，让发尾落在头顶位置。

3 刮松发尾

将发尾用尖尾梳逆刮刮松。

4 绕成包头固定

稍微整理一下刮松的发尾，绕成一个包头后用小黑夹固定。

5 固定刘海

将脸两侧留少许头发，其他额头上的刘海发丝用可爱的发夹往上夹起固定，就完成啦！

Front

Back

Side

麻花辫

漂亮的麻花辫必须掌握住两大要点：搭配较浅的发色，以及微松不扎实的发辫！

加上四股编、鱼骨编等各种不同的编发技巧，就能让你随心所欲展现韩系、法系、日系等不同风格的造型，轻松走在时尚潮流里！

难度：★★★★☆

Front　　Back　　Side

麻花辫①

高时尚的韩系鱼骨辫

大胆时尚的发型，让你走到哪都是焦点！

Step by Step　准备工具 | 小电棒1个，橡皮筋1条，U形夹数支，定型液适量

1 将头发上卷

全部的头发先用小电棒卷过，细细小小的卷度，是这款韩系发型的重点！

2 编“3 + 1”麻花辫

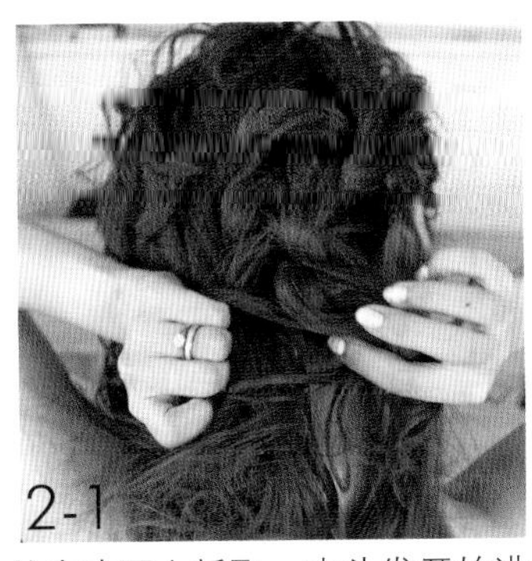

从右边耳上抓取一束头发开始进行“3 + 1”反编麻花辫（编法请见P114），一直往左耳下方编。

3 编鱼骨辫

麻花辫编到左耳下方后换编鱼骨辫（鱼骨辫编法请见P116）。

4 藏住橡皮筋

抓一小撮尾端的头发绕住橡皮筋处，用手按住后喷上胶即可固定。

5 拉松辫子

将鱼骨辫稍微拉松，看起来更自然、不呆板。

6 喷定型液

将所有刘海往后拨，喷上定型液定型。

7 用U形夹固定头发

最后再用U形夹将往后拨的刘海固定就完成了。

难度：★★★★☆

Front　　Back　　Side

法式发带四股辫

麻花辫②

加入发带编发，创造出令人眼睛为之一亮的造型！

Step by Step

准备工具｜橡皮筋 2 条，发带 1 条

1 戴上发带

将发带折成适当宽度，放在平常戴发箍的位置。

2 固定发带

将头发与发带一起顺到侧边，再用橡皮筋绑起固定。

3 将头发与发带分成四股

将头发分成两半，与两条发带交错排列。

4 进行四股辫编发

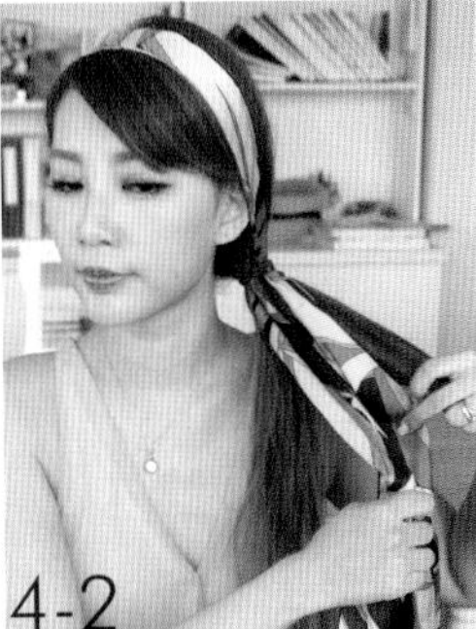

将 4 号丝巾往前放到 3 号头发前面，再穿过 2 号丝巾的后面，1 号头发再放在 2 号丝巾的下方（此时的 2 号丝巾即原本的 4 号丝巾）（四股辫的编法请见 P115）。

5 继续四股编

重复步骤 4。

继续往下编，但是要注意发束和丝巾的编号已经重新排列了喔！

6 固定发尾

编好后用橡皮筋固定辫子的尾端。

7 丝巾打蝴蝶结

将剩下的丝巾打成一个蝴蝶结就完成了。

难度：★★★★☆

麻花辫③

Front　Back　Side

充满活力的双边辫子

不同于一般的双边辫子，让人直呼好可爱！

Step by Step

准备工具｜鸭嘴夹 2 支，橡皮筋数条，小黑夹数支，电棒 1 个，定型液适量

1 旁分刘海

将刘海往习惯的方向大旁分。

2 编“3 + 1”反编

将刘海进行“3 + 1”反编，编到靠近耳朵时用小黑夹固定。

3 平分头发

将全部头发平均分成两部分。

4 将头发分区

将对分后的头发再各自按 2 ： 1 的比例分成 2 份,(外区的份量为一)，用鸭嘴夹先将外区的头发暂时固定。

5 编麻花辫

将发量多的双边头发编上松松的麻花辫，再用橡皮筋将辫子尾端反折固定。

6 电棒上卷

将预留的两边外区头发用电棒夹出卷度。

7 喷定型液

上卷后的头发可以喷上定型液帮助定型，让卷度更持久。

8 绕住辫子

上卷后的头发依照卷度方向，缠绕到辫子上，使两区头发合而为一。

9 固定头发

尾端的卷发可以刚好覆盖住橡皮筋，再用小黑夹固定即可。

气质感 UP 的侧边麻花辫

彰显气质的侧边发型，露出迷人的肩颈线条！

Step by Step

准备工具 | 电棒1个，小黑夹数支，橡皮筋1条

1 将头发上卷

将头发用电棒稍微卷过。

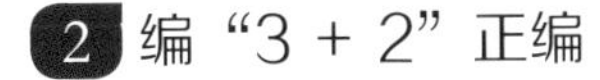

2 编“3 + 2”正编

从右边头顶开始编“3 + 2”正编辫子（“3 + 2”麻花辫编法请见P114），慢慢编到左下方用橡皮筋固定。

3 固定辫子

用小黑夹将辫子固定在左下方，再将所有头发放在左侧边即可。

侧边麻花辫变化款

Front

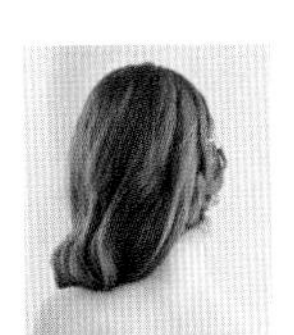

Back

Side

准备工具 | 电棒1个，橡皮筋1条，小黑夹数支，发饰1个

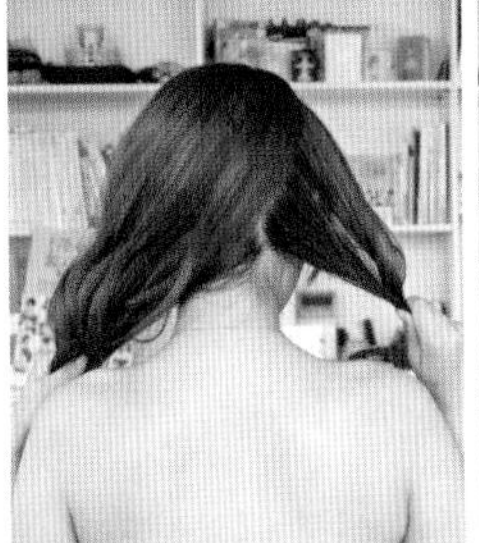

1 将头发分区

将头发按3 ∶ 1的比例分成两份。

2 编“3 + 1”麻花辫

将发量较少的一边，编成“3 + 1”麻花辫。

3 固定麻花辫

将麻花辫藏在卷好的头发下方固定即可。

4 夹上发饰

选一个漂亮的发饰夹上，更能凸显高贵的气质哦！

难度：★★★☆☆

麻花辫⑤

Front　　Back　　Side

名媛风辫子发箍

辫子发箍加上三管卷发，高贵气质感立现！

Step by Step

准备工具｜三管电棒1个，小黑夹数支，橡皮筋数条，尖尾梳1个，漂亮发箍1个

1 三管电棒夹卷头发 **2** 编麻花辫

2-2

2-3

将全部头发都用三管电棒夹过，让头发呈现细小的卷度。

分别在左右两侧抓取上、下两束头发，编成四条三股反编的麻花辫（编好的辫子可以用橡皮筋固定，或是用尖尾梳逆刮固定）。

3 固定上层辫子

将左右两边上层的辫子往上反折，交错固定在耳后附近。（反折辫子的地方会凸起来的话，用小黑夹将它夹平就可以啦。）

4 固定下层辫子

将左右两边下层的辫子也往上反折，尽量不要重叠到已经固定好的辫子上，一样交错固定在耳后附近。

5 戴上发箍

最后再戴上漂亮的发箍就完成了。

凡妮莎推荐好物

由于韩流来袭，发型界也流行起哈韩风，三管电棒的出现就是一个很好的例子！可是三管电棒体积比一般电棒都要大，要带它旅行出门真的是很不方便……为了让女孩们出门在外也可以拥有美美的三管卷发，聪明的厂商推出了这款迷你三管电棒，它真的很轻巧喔！以后出国旅行也可以美美的啦。

FODIA 富丽雅
三管波浪造型夹（MINI）

麻花辫盘发

麻花辫盘发可以制造出最迷人、又不失时尚感的造型，在 Valentino 的秀场上，我们也可以看到麻花辫的存在。

麻花辫盘发大多属于进阶款的发型，编发时容易感到手疲不已，或是在发丝交错之间感到双手打结，但只要有耐心、多练习，就一定会越编越好喔！

难度：★★★★☆

麻花辫盘发①

优雅气质的辫子盘发

散发出淡淡的欧风复古风情！

Front

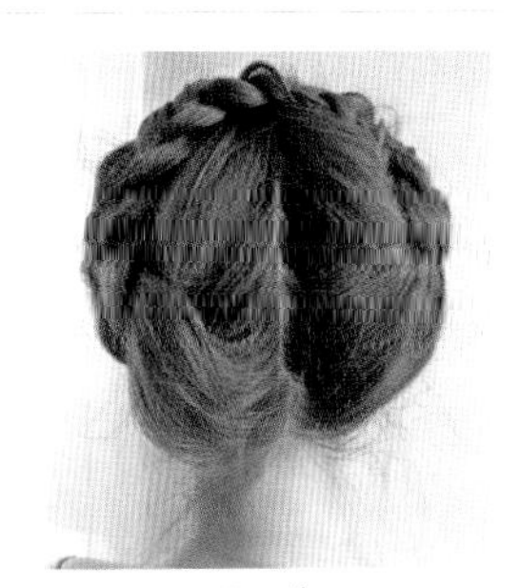

Back

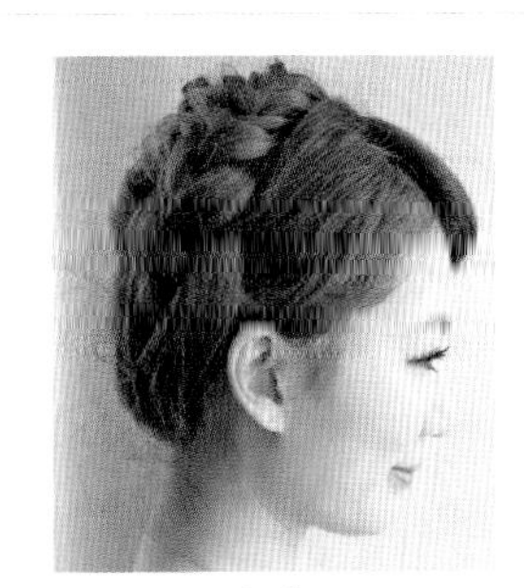

Side

Step by Step

准备工具｜鸭嘴夹1支，橡皮筋2条，小黑夹数支，漂亮发夹1个

1 预留头发

先预留前额刘海的部分，用鸭嘴夹暂时固定。

2 将头发分区

将头发分成两部分。

2 编“3 + 1”麻花辫

把两边的头发都往上编“3 + 1”麻花辫（“3 + 1”麻花辫编法请见P114）。

4 固定

将两边编好的辫子交错固定在头顶上方，固定之后可将辫子稍微拉松，让发型更好看。

5 固定刘海

把预留的刘海做出弧度，再用一个漂亮发夹固定就完成了。

Front　　Back　　Side

法式微甜的缎带盘发

像马卡龙般精致可爱的发型！

麻花辫盘发②

Step by Step

准备工具｜缎带1条，发圈2条，小黑夹数支

1 缎带穿过发圈

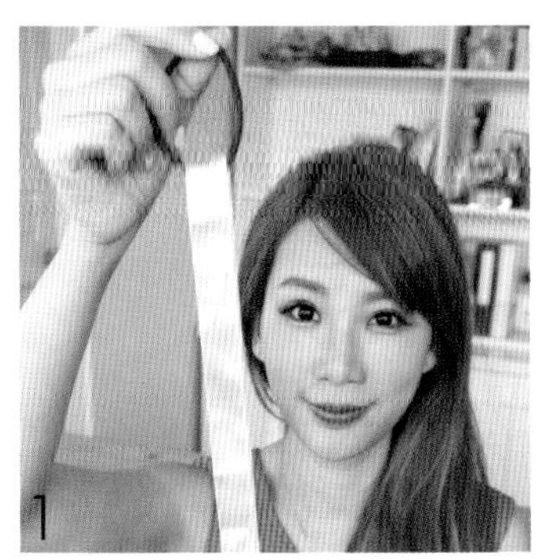

将缎带穿过发圈，使缎带对折，变成两条长度相同的缎带。

2 固定头发

将头发放到侧边，用已经穿过缎带的发圈绑起固定。

3 将头发与缎带分成四股

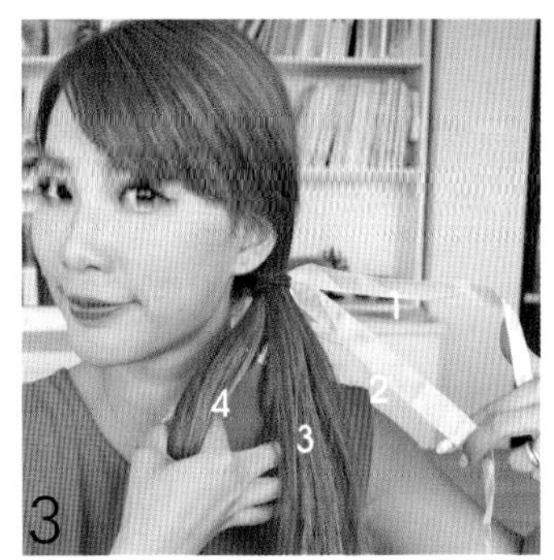

将头发分成两半，与两条缎带排列成四股，由右到左编号成1、2、3、4。

4 四股辫编发

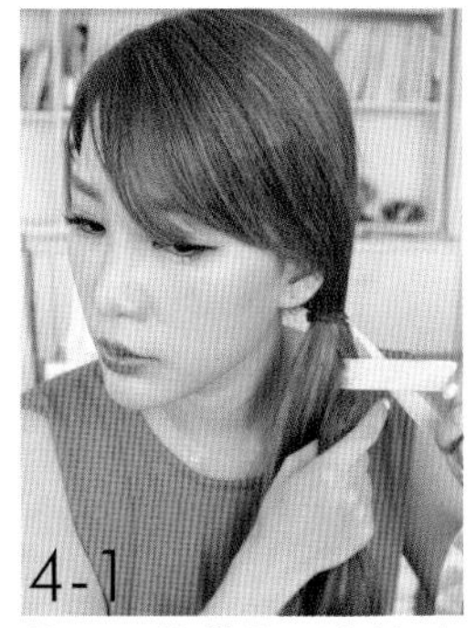

将1号缎带从后方绕过3号头发然后往前放，接着4号头发从后面绕过2号缎带往前放（四股辫编法请见P116）。

5 继续四股编

重复步骤4，继续往下编，但是要注意发束和缎带的编号已经重新排列了喔！

6 固定尾端

用发圈固定辫子的尾端。

7 打蝴蝶结

将剩下的缎带打成一个蝴蝶结。

8 固定四股辫

将辫子绕到头顶上方变成发箍般装饰，再用小黑夹固定即可。

麻花辫盘发③

浪漫情怀的麻花辫盘发

不需花俏的装饰，就能立刻吸引众人目光！

Front

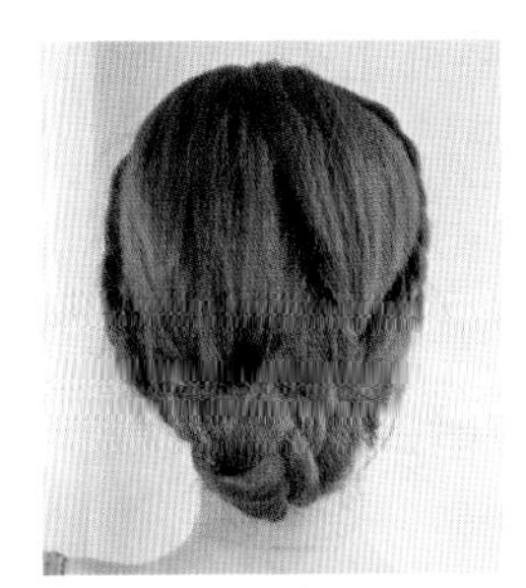

Back

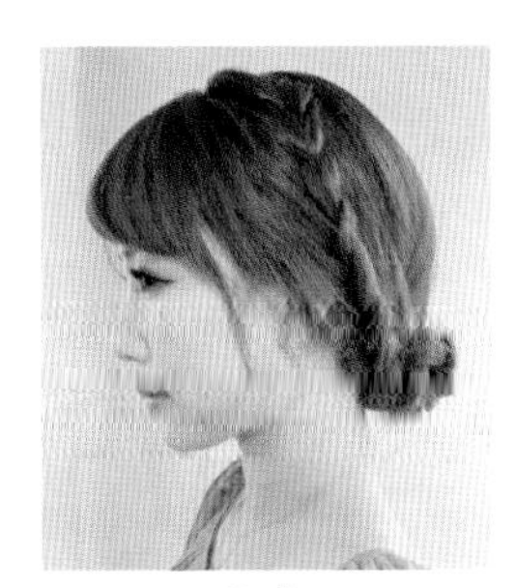

Side

Step by Step

准备工具 | 橡皮筋 2 条，小黑夹数支

1 将头发中分

将头发分成两等份。

2 编“3 + 1”麻花辫

2-2

将两边头发分别从头顶编成“3 + 1”正编的麻花辫。

两边均编好“3+1”麻花辫的样子。

3 扭转头发固定

3-2

将两条辫子扭转在一起，再绕成一个低髻，用小黑夹固定就完成了。

难度：★★★★☆

麻花辫盘发④

Front　　Back　　Side

与众不同的辫子盘发

优雅气质满分！适合高手挑战的发型！

Step by Step

准备工具｜橡皮筋 2 条，小黑夹数支，漂亮发带 1 个

1 将头发分区

将头发分成左右两部分。

2 编“3 + 1”反编

将头发从前面开始编“3 + 1”反编，慢慢地将头发从后方加入编完。
（“3+1”反编编法，请见 P114）

3 固定头发

编完后的辫子用橡皮筋绕一个圈后固定。

另一边头发也重复步骤 2、3-1 即可。

4 固定头发

4-2

将一区的头发往后折后用小黑夹固定，另一区头发用同样方式固定在下方。

5 藏住多余的头发

将两边多余的头发藏在辫子里，再用小黑夹固定就完成了！

时尚风格的辫子盘发

让你成为 party 上最受注目的焦点！

Step by Step

准备工具｜小黑夹数支，橡皮筋 3 条

Front

Back

Side

1 编“3 + 1”反编

从刘海进行“3 + 1”反编，编成侧边麻花辫。

2 编麻花辫

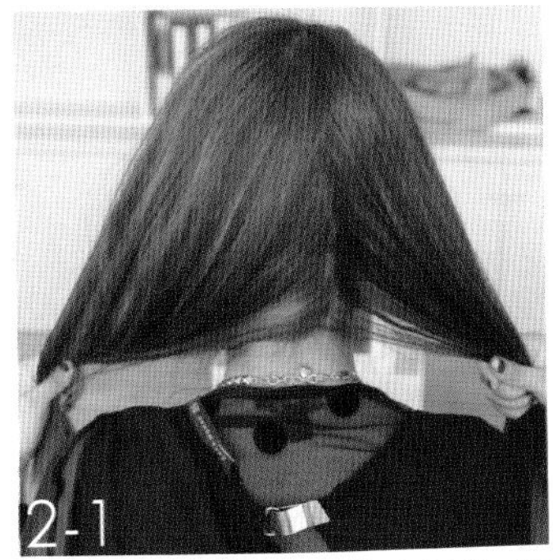

将其他头发按 2：1 的比例分成两部分，编成两条三股麻花辫。

3 辫子交错固定

将左边的辫子由下往上绕到右边，用小黑夹在头顶固定；右边的辫子则由下往上绕到左边，在头顶和另一条辫子交错固定。

4 固定刘海辫子

将辫子刘海由下往上绕至另一边，再用小黑夹固定即可。

难度：★★★☆☆

麻花辫盘发⑥

优雅的女神盘发

就用这个发型成为宴会中最吸睛的焦点吧！

Step by Step

准备工具 | 电棒（25 厘米）1个，橡皮筋数条，小黑夹数支，漂亮发箍1个

1 将头发上卷

将所有头发卷上电棒。

2 将头发分区

将头发按 2 ∶ 1 的比例分成两部分。

Front

Back

Side

3 绑低马尾

将头发较多的一边先绑一个低马尾。

4 编“3 + 1”麻花辫

将头发较少的一边从头顶开始编“3 + 1”的麻花辫，绑好再用橡皮筋固定。

5 绕圈固定

将左边马尾头发分成小束，顺着卷度绕圈，再用小黑夹固定，形成一个侧边包包头。

6 固定麻花辫

将麻花辫绕到侧边包包头处，再用小黑夹固定在包包头的下方。

4 发箍装饰

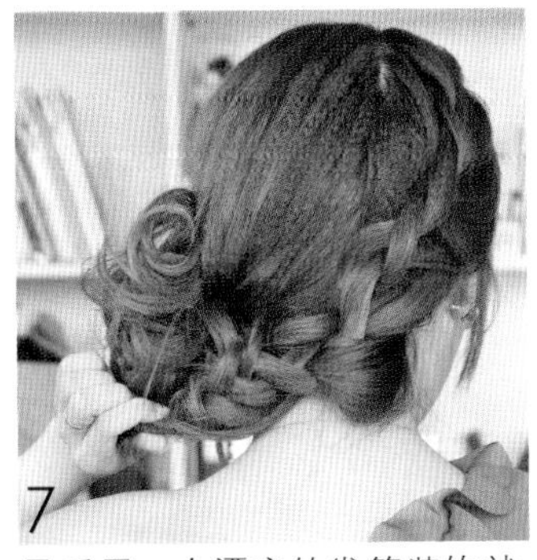

最后用一个漂亮的发箍装饰就完成啦！

难度：★★☆☆☆

麻花辫盘发⑦

温柔气质的轻熟盘发

立即上手！公主头＋三股辫的简单盘发！

Front

Back

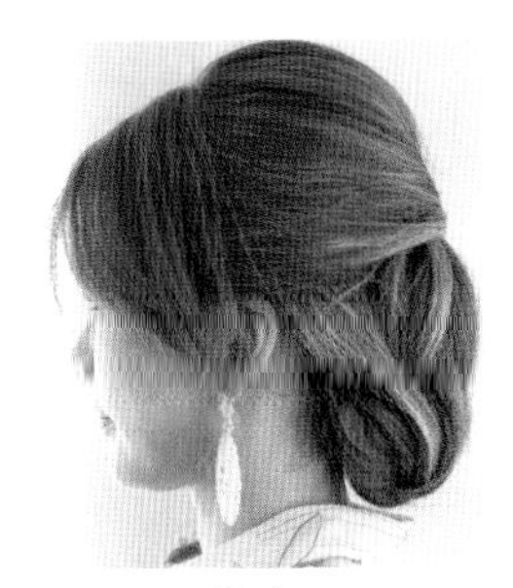

Side

Step by Step

准备工具｜小黑夹数支，橡皮筋 1 条，尖尾梳 1 把

1 抓取头发

先抓取公主头的区域。

2 制造头顶蓬松度

扭转头发并稍微往上推，让头顶有点蓬松度，再用小黑夹固定即可。

3 编三股辫

将所有头发编成三股辫。

4 内折辫子

4-2

将辫子往内折收好，头发长的人可以多折几圈，再用小黑夹固定即可。

5 挑松头发

用尖尾梳挑松头顶的头发，让发型更立体好看。

扭转式盘发

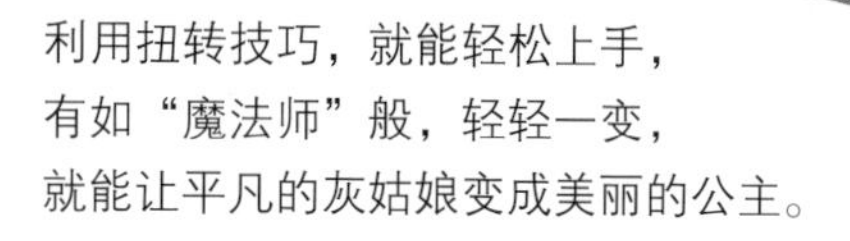

利用扭转技巧，就能轻松上手，
有如“魔法师”般，轻轻一变，
就能让平凡的灰姑娘变成美丽的公主。

当你没时间绑一个麻花辫编发，
却又想拥有绝佳造型时，
扭转式盘发绝对是又快又好的选择！

难度：★★☆☆☆

Front

Back

Side

元气甜甜圈盘发

充满青春活力的发型！

扭转式盘发①

Step by Step

准备工具｜小黑夹数支，橡皮筋 3 条

1 绑马尾

1

将头发分成三等份，并绑成三个低马尾。

2 绕包包头

2-1

2-2

分别将三束马尾扭转成小包包头，再用小黑夹固定即可。

三步骤的上班族快速盘发！

准备工具｜小黑夹数支，橡皮筋 1 条，尖尾梳 1 把

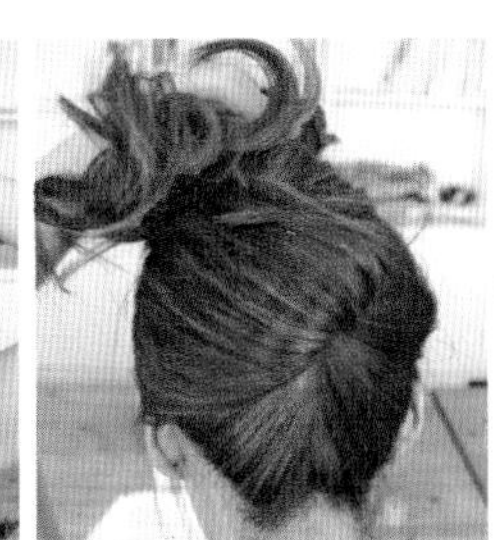

1 固定头顶头发

先抓出头顶区头发，稍微扭转撑高后，用小黑夹固定。

2 扭转头发

下区头发往上扭转成贝壳状。

3 固定头发

用小黑夹固定扭转后的头发即可。

凡妮莎小叮咛

如果剩余的头发太多，也可以随意扭转成包包再固定在上方喔！

Front

Back

Side

难度：★★☆☆☆

扭转式盘发②

轻便休闲的扭转盘发

适合轻松打扮的 Casual Look！

Step by Step

准备工具｜小黑夹数支

1 将头发分区

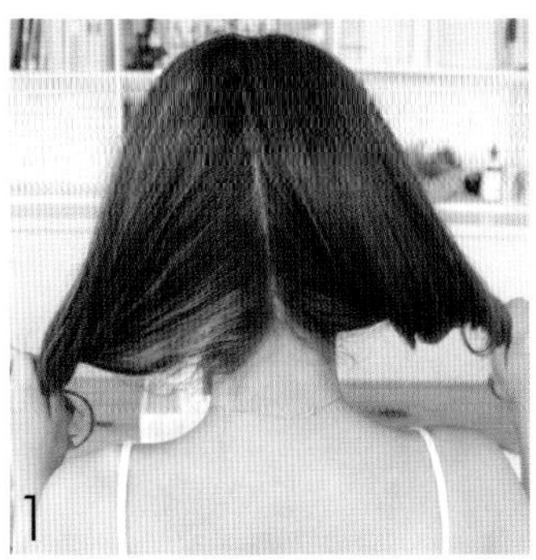

先将头发分成等量的两部分。

2 扭转头发

将左边的头发往右边扭转。

用小黑夹固定扭转后的头发。

头发较长的人，扭转固定后，发尾会有多余的头发，可以再往左边扭转并固定。

Front

Back

Side

3 扭转头发

同上步骤，将右边的头发往左边扭转，再用小黑夹固定。头发较长的人，扭转固定后，发尾会有多余的头发，可以再往右边扭转并固定即完成。

难度：★★★☆☆

扭转式盘发③

名媛系典雅盘发

利用不同的盘发方式，创造最独特的高雅曲线！

Step by Step

准备工具｜小黑夹数支，橡皮筋 2 条，漂亮发带 1 条

Front

Back

Side

1 编“3+2”反编辫子

将头发大旁分，从较多头发的那一边开始编“3+2”反编的麻花辫，一直编到发尾结束。

2 绕小包包头

抓取旁分头发较少的那一边头发，随意绕成一个小包包，用小黑夹固定在头正后方。

3 编三股编

将剩下的所有头发编成一个松松的三股辫。

4 绕大包包头

把编好的三股辫也绕成一个包包头，用小黑夹固定在小包包头的下方。

5 固定刘海辫子

将刘海辫子往后绕到大包包里，用小黑夹固定。

6 戴上发带

最后再戴上漂亮的发带装饰就完成了。

难度：★★☆☆☆

扭转式盘发④

微甜可爱的卷发盘发

清新脱俗，散发出花园小精灵般的可爱气息！

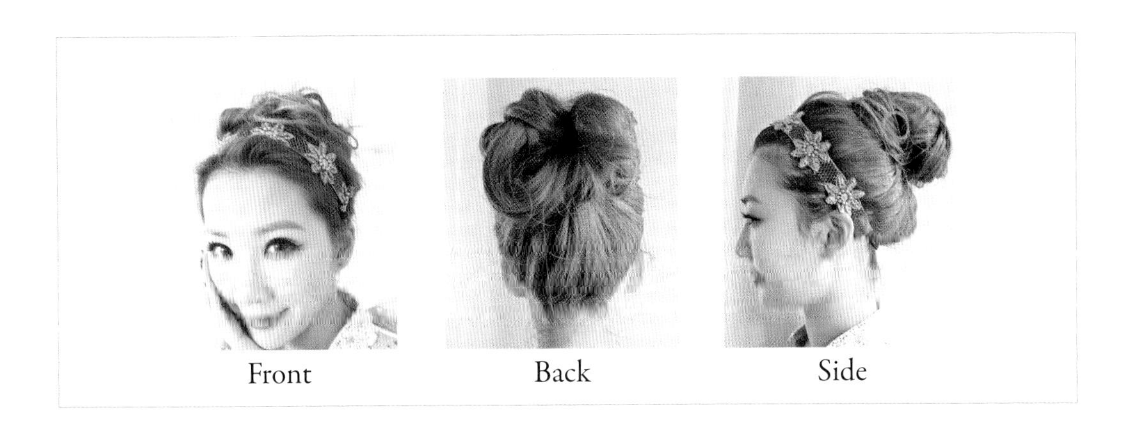

Step by Step

准备工具 | 电棒（25 厘米）1个，橡皮筋1条，小黑夹数支，发带1条

1 将头发上卷

先将头发用电棒上卷。

2 戴上发带

戴上发带，刘海可依个人喜好决定要不要留。

3 绑高马尾

用橡皮筋将全部头发绑成一个高马尾。

4 将马尾分成 3 束

4-2

将马尾大致分成 3 等份，先取其中 1 束进行扭转后用小黑夹固定。

5 扭转头发并固定

其余两束头发也和步骤 4 同样处理，往上扭转后再用小黑夹固定就完成啦！

柔美低调的多层次盘发

约会、上班、逛街都适合的百搭发型！

Step by Step

准备工具｜鸭嘴夹2支，橡皮筋1条，小黑夹数支，尖尾梳1把，公主头增高器1个，漂亮发饰1个

1 垫上公主头增高器

抓起一束头顶区的头发，在底下加上公主头增高器。

2 固定头发

用橡皮筋将头顶的头发绑起固定好。

3 预留两边头发

预留耳朵两旁的头发，用鸭嘴夹暂时固定。

4 扭转交叉成发辫

4-2

分别将Step2绑起的头发和下层的头发扭转成发束，将两条发束交叉缠绕成一条两股辫。

5 逆刮头发

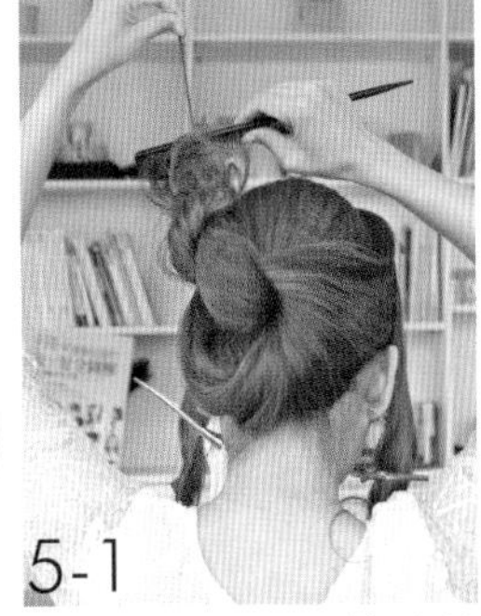

5-2

用尖尾梳由后往前逆刮，可以让发辫固定，不会松开来，再绕成包包头，用小黑夹固定。

6 扭转头发

6-2

将耳朵旁的头发扭转成一条发束，再固定在包包头上，另一边亦同。

7 装饰发饰

最后用珍珠或是蕾丝发夹装饰即可。

难度：★★★★☆

Front　Back　Side

华丽派对盘发

扭转式盘发⑥

奢华的发型，散发出轻熟女的迷人魅力！

Step by Step

准备工具｜小电棒1个，鸭嘴夹1支，小黑夹数支，U形夹数支，橡皮筋2条，尖尾梳1把，定型液适量，发箍1个

1 将头发分区

将头发分成上下两区，将上区头发用鸭嘴夹暂时夹起固定。

2 绑马尾

下区头发绑一个马尾。

3 刮松头发

用尖尾梳由上而下将下区头发刮松。

4 扭转头发

将刮松的马尾扭转成包包头，并用小黑夹固定。

5 将头发分区

将上区头发再次分成上下两区。

6 刮松头发

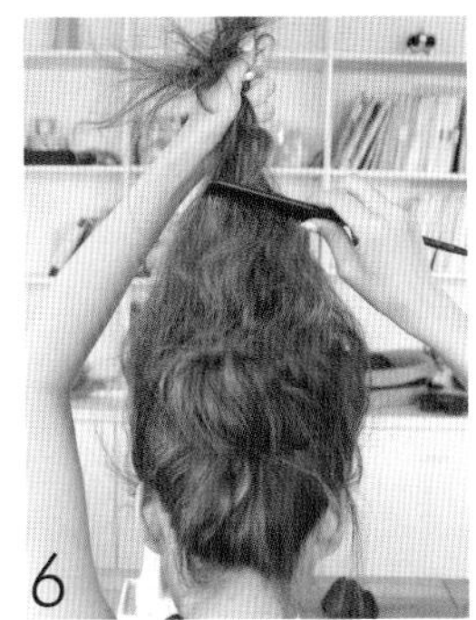

刮松下区的头发。

7 扭转头发

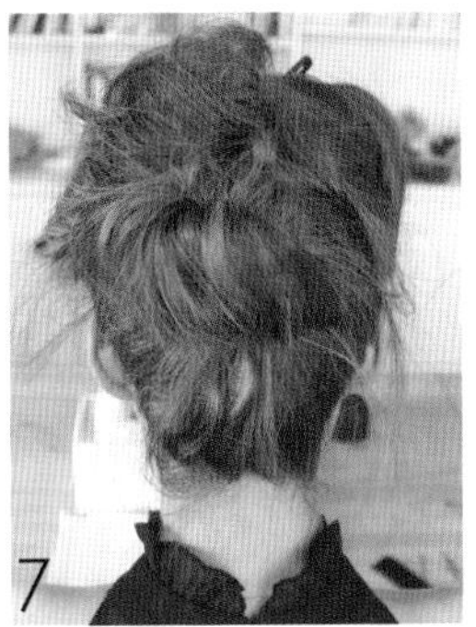

将刮松后的头发扭转成第二个包包头，并用小黑夹固定。

8 将头发上卷

将最上方的头发用小电棒上卷。

9 喷定型液

喷适量定型液固定卷度。

10 绑住头发

将上卷的头发绑成一束。

11 内折发束

将绑好的发束折进两个包包头中间。

12 整理发丝

用U形夹将旁边散落的头发固定好即可。

难度：★★★☆☆

Front　Back　Side

棉花糖蓬松盘发

扭转式盘发⑦

精心设计的随性松散，让人忍不住想多看一眼！

Step by Step

准备工具｜小黑夹数支，鸭嘴夹 2 支，橡皮筋 2 条，电棒（38 厘米）1个

1 预留刘海

先将两边的刘海预留，用鸭嘴夹暂时固定。直发的人最好将刘海处头发先卷上卷，才能制造出我们想要的随性线条。

2 抓取头发

抓取头顶区的头发。

3 制造头顶蓬松度

扭转头发并往上推，让头发微微蓬起，再用小黑夹固定成一个小发髻即可。

4 绑马尾

将其他头发分成两部分，并绑成两个低马尾。

5 分别固定发束

将马尾分成一撮一撮的发束，随意的往上折起，用小黑夹固定即可。

图书在版编目（CIP）数据

凡妮莎人气妆发全图解 / 凡妮莎著. -- 青岛：青岛出版社, 2013.11
ISBN 978-7-5436-9584-9
Ⅰ. ①凡… Ⅱ. ①凡… Ⅲ. ①化妆—图解②发型—设计—图解 Ⅳ. ①TS974-64
中国版本图书馆CIP数据核字(2013)第163539号

书　　名　凡妮莎人气妆发全图解
编　　著　凡妮莎
设计制作　美食生活 工作室
出版发行　青岛出版社
社　　址　青岛市崂山区海尔路182号　邮购电话 0532-68068026
策划组稿　张化新　周鸿媛
责任编辑　徐　巍
装帧设计　毕晓郁　宋修仪
制　　版　青岛艺鑫制版印刷有限公司
印　　刷　青岛嘉宝印刷包装有限公司
出版日期　2013年8月第1版　2013年8月第1次印刷
开　　本　16开（710毫米×1010毫米）
印　　张　12
书　　号　ISBN 978-7-5436-9584-9
定　　价　38.00元（随书附赠120分钟DVD光盘）

编校质量、盗版监督服务电话 4006532017　0532-68068670
（青岛版图书售出后如发现印装质量问题，请寄回青岛出版社出版印务部调换。
电话：0532-68068629）
本书建议陈列类别：生活类　美容类